城市规划快题设计深化与提高

方案构思、技巧与表现

田宝江 曾海鹰 刘辰阳 著

中国建筑工业出版社

图书在版编目（CIP）数据

城市规划快题设计深化与提高 方案构思、技巧与表现／
田宝江，曾海鹰，刘辰阳著 .-- 北京 ：中国建筑工业出
版社，2015.12
ISBN 978-7-112-18782-9

Ⅰ . ①城… Ⅱ . ①田… ②曾… ③刘… Ⅲ . ①城市规
划－研究生－入学考试－习题集 Ⅳ . ① TU984-44

中国版本图书馆 CIP 数据核字 (2015) 第 278852 号

责任编辑：滕云飞
美术编辑：方促华

**城市规划快题设计深化与提高
方案构思、技巧与表现**

田宝江　曾海鹰　刘辰阳　著

＊

中国建筑工业出版社出版、发行（北京西郊百万庄）
各地新华书店、建筑书店经销
上海盛通时代印刷有限公司制版
上海盛通时代印刷有限公司印刷

＊

开本：880×1230 毫米　1/16　印张：12　字数：384 千字
2015 年 12 月第一版　2015 年 12 月第一次印刷
定价：**98.00** 元
ISBN 978-7-112-18782-9
（27989）

前言

　　城市规划快题设计（也可称为快速设计），能够比较全面地反映设计人员的综合能力，包括较短时间内理解项目（题目）要求的能力，掌握基地及周边环境要素和条件的能力，快速分析问题、提出设计目标和解决方案的能力，快速的设计表达能力等。因此，在研究生入学考试和单位入职考试中，通常都会有快题设计的环节，以便在较短时间内，考察该设计人员的综合素质和设计能力。

　　从某种意义上说，快题设计是个厚积薄发的过程，这就要求在平时一定要有相当的专业知识积累，包括各种建筑的基本尺度、各种规范要求（如日照间距、安全距离、转弯半径等）、各种场地尺寸（如停车位、各种运动场地尺寸等），这些作为基本的专业知识点是参加快题考试前就应该具备的，这样到了考试时才能信手拈来，为我所用。基于此，本书对类似专业知识点不再进行过多赘述。

　　针对城市规划快题设计的特点以及近年来快题考试的情况，本书在兼顾快题考试整体要求的基础上，特别突出以下两个方面的内容：

　　一是强调设计构思。构思立意是设计方案的灵魂。目前很多快题设计的参考书过于注重快速表现，而忽略了设计构思的阐述。其实，对于大多数应试者而言，如何快速构思、拿出设计方案才是最重要的，没有方案，也就谈不上表现。另一方面，如果方案本身有较大缺陷，或者没有很好地理解项目（题目），方案偏离了设计条件和要求，则再好的表现也于事无补。快题设计给定的时间只有几个小时，因此，如何快速地理解题目，根据设计目标和基地条件提出解决方案，快速构思立意，形成方案基本框架，是快题设计成功的关键。本书提出"设计结构"的概念，即通过对题目的理解，结合设计目标，快速提出控制基地全局的主导框架，引导方案的生成。本书中针对不同的项目类型，如居住小区规划、城市重点地段规划（包括行政中心规划、商业中心规划）、城市广场规划、校园规划、科技园区规划等，列举了26个不同的设计案例，详细介绍了每个项目设计结构的构思过程和要点，希望能够给大家提供借鉴和参考。掌握建立设计结构的技巧和方法，不仅可以有效提高快题设计应试技巧，同时也能提高综合设计能力。

　　本书第二大特点是注重鸟瞰图的绘制技巧。近年来，随着大家对快题考试的熟悉，加之各类考研培训班的培训，总体而言，大家对总平面的表达水平已经十分接近了。笔者近几年参加了同济大学建筑城规学院硕士研究生入学快题考试的阅卷工作，从阅卷的情况看，大家的总平面表达已经十分接近，如果方案本身没有重大缺陷，从总平面的表达来看已经难分高下。与此同时，方案鸟瞰图的表现则普遍非常薄弱，无论是构图、透视关系、线条、上色等方面都十分欠缺。在这种情况下，如果方案能满足基本要求，总平面表达也较为规范，要想取得较好的成绩，在众多应试者中脱颖而出，一张精彩的鸟瞰图表现就显得非常必要了。另一方面，在设计实践中，手绘鸟瞰表现也可以为方案加分不少，特别是在当前电脑表现十分普遍的情况下，精彩的手绘不仅能体现设计的功力，生动地表达设计意图，同时也更加显得难能可贵。本书针对不同类型的26个项目，对其鸟瞰图都较为详细地介绍了绘制的步骤和过程，并介绍了构图、线条、用色、画面调整等技巧，相信对提高大家的鸟瞰表现技巧会有帮助。在本书的最后一章，还展示了一些更高要求的表现图，这些图的绘制时间从数小时到数天不等，图幅从 A2～A0，这些表现图在一般的快题设计考试中几乎是难以完成的，在这里展示出来只是供大家参考和借鉴。

　　本书可供大专院校规划、建筑、景观专业的同学，参加研究生入学快题考试，入职考试的人员以及相关的设计人员和对城市规划感兴趣的人士参考。

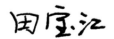

2015 年 8 月 于同济大学

目 录

第一章
城市规划快题设计概述

城市规划快题设计（也可称为快速设计），能够比较全面地反映设计人员的综合能力，包括较短时间内理解项目（题目）要求、掌握基地及周边环境要素和条件、分析问题、提出设计目标和解决方案、设计的表达能力等。因此，在研究生入学考试和单位入职考试中，通常都会有快题设计的环节，以便在较短时间内，考察该设计人员的综合素质和设计能力。

在日常的设计实践中，设计方案的产生往往不能求快，应该是在充分思考、反复比较优化的过程中逐步完善设计方案，但在这个过程中，实际还是需要快速设计和表达能力的，比如当头脑中闪过一个念头或想法，就要求设计者能够快速捕捉到设计意图，并快速记录、表达出来，这就需要一定的手绘能力，才能做到手、脑一致，迅速将思维视觉化（可视化），并不断反馈修正，完善设计构思。因此，设计的过程其实就是一系列快速构思表现不断深化、反馈、比较、优化的过程。另一方面，快速设计有时也是推进设计的有效手段。比如在我们的设计课程教学中，同学们在完成基地分析后的一段时间内，往往很难进入设计状态，设计会陷入停滞。这时，我们在教学上会安排一个快题设计，规定在一个上午时间内拿出方案。同学们就会调动所有力量，在规定时间内拿出方案，虽然还有很多不成熟之处，但同学们通过快题设计，忽然发现找到了进入设计状态的途径，设计的思路也更加清晰了。

快题设计从某种意义上说，是个厚积薄发的过程，**这就要求在平时一定要有相当的专业知识积累，包括各种建筑的基本尺度、各种规范要求（如日照间距、转弯半径等）、各种场地尺寸（如停车位、各种运动场地尺寸等）**，这些作为基本的专业知识点是参加快题考试前就应该具备的，本书对类似专业知识点不再进行过多赘述。

总体而言，城市规划快题设计具有以下两个基本特点：
1. 双规性：
即规定时间、规定地点完成。无论是研究生入学考试还是入职考试，其快题设计都要求在规定的时间和地点完成，与平时自由、随性的设计有所不同。因此在相关知识储备、表现技巧、工具准备、时间分配等方面都有其自身特点，也有相应的应对措施和技巧；

2. 综合性：
虽然城市规划快题设计的时间较短（一般4~6小时左右），但要求规划专业知识的综合运用，分析问题、解决问题，并提供较为完整的设计成果。其综合性体现在：

过程的综合性，包括审题、立意、构思、设计概念和成果表达；

成果的综合性，包括总平面图、规划分析图（功能、结构、道路交通、绿化景观等），经济技术指标和必要的设计说明文字。

针对城市规划快题设计的特点，其应试的核心技巧可概括为：守正出奇。

■ **守正**：即满足基本要求。成果完整，不缺项，符合各项设计规范、技术的要求。图纸表达完整、准确、规范，没有原则性错误，即没有"硬伤"；

■ **出奇**：守正只是基本要求，要在快题考试中脱颖而出，还要达到更高水平，要出奇、要有创新、有亮点、有出彩之处。具体体现在：

■ 审题准：审题准确，紧扣题意，能抓住"题眼"（如同济大学某年考研快题考题中保留的古庙，要求在设计中必须给予反映如何保护和利用，这就是题目提供的线索）；

■ 立意新：立意新颖、构思巧妙、有创意，针对题目要求能提出独到的思路与解决方法；

■ 表达精：图面精彩，线条流畅，形态优美，尺度准确，在色彩搭配、构图安排、版面设计、细部描摹等方面颇见功力。

针对城市规划快题设计的特点以及近年来快题考试的情况，本书在兼顾快题考试整体要求的基础上，特别突出以下两个方面的内容：

一是强调设计构思。构思立意是设计方案的灵魂。快题设计给定的时间只有几个小时，因此，如何快速地理解题目，根据设计目标和基地条件提出解决方案，快速构思立意，形成方案基本框架，是快题设计成功的关键。本书提出"设计结构"的概念，即通过对题目的理解，结合设计目标，快速提出控制基地全局的主导框架，引导方案的生成。本书中针对五大类项目类型，如居住小区规划、城市重点地段规划（包括行政中心规划、商业中心规划）、城市广场规划、校园规划、科技园区规划，列举了 26 个不同的设计案例，详细介绍了每个项目设计结构的构思过程和要点，希望能够给大家提供借鉴和参考，掌握建立设计结构的技巧和方法。不仅可以有效提高快题设计应试技巧，同时也能提高综合设计能力。

本书第二大特点是注重鸟瞰图的绘制技巧。近年来，随着大家对快题考试的熟悉，加之各类考研培训班的培训，总体而言，大家对总平面的表达水平已经十分接近了。笔者近几年参加了同济大学建筑城规学院硕士研究生入学快题考试的阅卷工作，从阅卷的情况看，大家的总平面表达已经十分接近，如果方案本身没有重大缺陷，从总平面的表达来看已经难分高下了（图 1-1 — 图 1-16: 同济近年考研试题总平面图）。与此同时，对方案鸟瞰图的表现则普遍非常薄弱，无论是构图、透视关系、线条、上色等方面都十分欠缺。在这种情况下，如果方案能达到"守正"的基本要求，总平面表达也较为规范，要想取得较好的成绩，在众多应试者中脱颖而出，则一张精彩的鸟瞰图表现就显得非常必要了。另一方面，在设计实践中，手绘鸟瞰表现也可以为方案加分不少，特别是在当前电脑表现十分普遍的情况下，精彩的手绘不仅能体现设计的功力，生动地表达设计意图，同时也更加显得难能可贵。本书针对不同类型的 26 个项目，对其鸟瞰图都较为详细地介绍了绘制的步骤和过程，并介绍了构图、线条、用色、画面调整等技巧，相信对提高大家的鸟瞰表现技巧会有帮助。

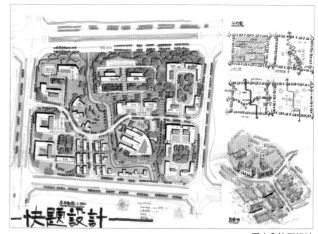

图 1-2 快题设计

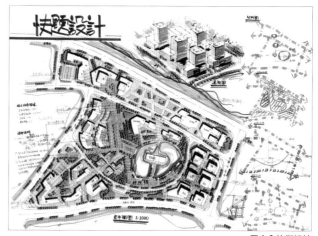

图 1-3 快题设计

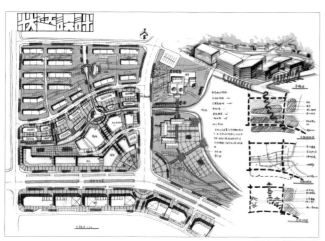

图 1-1 快题设计

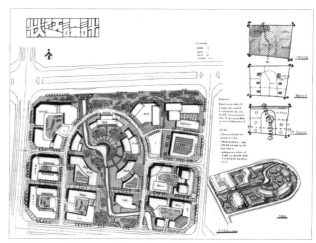

图 1-4 快题设计

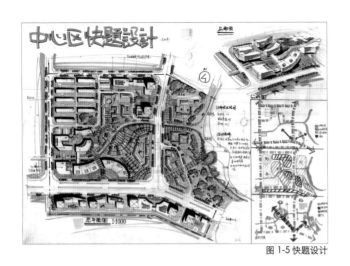

图 1-5 快题设计

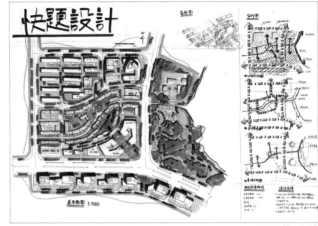

图 1-6 快题设计

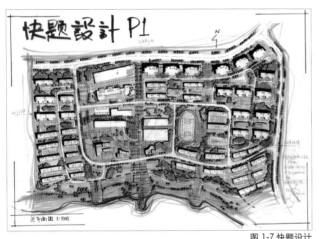

图 1-7 快题设计

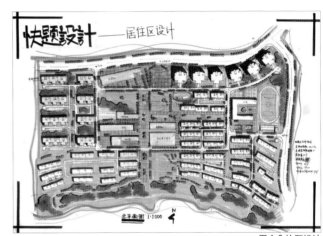

图 1-8 快题设计

图 1-9 快题设计

图 1-10 快题设计

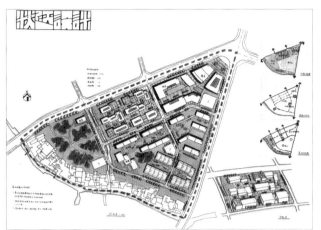

图 1-11 快题设计

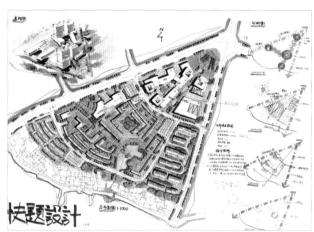

图 1-12 快题设计

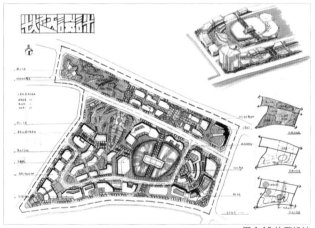

图 1-13 快题设计

图 1-14 快题设计

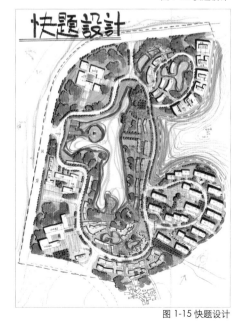

图 1-15 快题设计

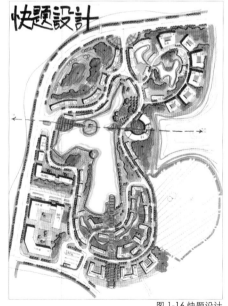

图 1-16 快题设计

第二章
城市规划快题表现基本技巧解析

第一节 城市规划快题手绘表现的工具和基本技巧

一. 工具配置

快题手绘表现工具的选择和配置并没有什么专门的要求，关键在于个人对于工具属性的了解和熟练把握，就应试和日常设计而言，常用的工具有如下几种：

1. 纸张类型

■白卡纸：

常规用纸，表面光滑、平整，图面安排得宜，表现到位的话，效果极佳，反之稍有瑕疵则负面效果亦会加倍突出。

■硫酸纸：

因为其便于拷贝、描摹的特性经常为应考学生选用（也是诸多规划、景观设计公司工作中最常使用的），同济研究生入学快题考试也要求用硫酸纸。这里想强调的是其在马克笔色彩渲染中所呈现出的一些特质，以便大家更好的应用和把握，马克笔在硫酸纸上做色彩渲染会呈现两大特性：第一，在硫酸纸上所有的色彩会显淡，比如原先灰调6号或者7号笔（灰调马克笔的色号显示方式：色号越大，色度越深），画上去显示出的色彩只有普通白纸4号或者5号笔的深浅度。明白这一点，学习者就可以把原先在普通纸张上的用色经验做相应的调整。第二，在硫酸纸上马克笔的笔触感比其他纸张明显减弱，且不易干，把握得好可以画出类似水彩湿画法的感觉，对于应试者而言，只要能做到以下几点就可以有效控制画面效果：第一，笔触以平涂为主。第二，注意着色顺序，先浅后深。第三，方向顺序，先上后下，先左后右。

■牛皮纸（有色纸）：

有色纸的一种，薄的牛皮纸有一定的透明感，运笔时手感类似硫酸纸，笔触感也不明显，注意要点可参考硫酸纸的画法。另外，善加利用纸本身固有底色也是一大要点。

2. 勾线用笔

■针管笔：快题表现常用工具，可选择0.1、0.2、0.3、0.5这几种规格，品牌自定。

■钢笔：包括一般的钢笔、签字笔、美工笔等。

■铅笔：作为草图工具的铅笔建议选择B或2B铅笔为宜，浓淡适中，且不伤纸。

3. 马克笔

马克笔作为色彩渲染工具已为设计界人士和设计专业学子所熟知，但是在实践中如何正确的选购和应用对于大部分人而言还是个问题，笔者就个人的认识和经验为大家做一简单介绍。就材质属性区分马克笔有水性，酒精和油性三种基本属性，就笔尖造型区分则有笔尖方正（例如韩国TOUCH和日本YOKEN、COPIC等）和圆柔（例如美国PRISMACOLOR、AD等）两种，一般建议初学者选择酒精类方形笔尖，价格区间在每支3～6元的为宜（品牌自定）。

■基本笔法：初学者在使用马克笔的过程中最普遍的一个问题就是笔法应用问题，就马克笔的工具属性而言，笔法应用主要体现在角度和速度变化两个方面，其中角度占了相当大的比重，在应用上可归结为正、竖、侧、翘、点五种，速度变化则有掠（快）、晕（慢）和蹭三种，详见（图2.1-1）。

正，笔尖整体贴合画面排笔，适用大面积平涂。

竖，笔尖竖起排笔，笔触宽度基本是前者的一半，快题表

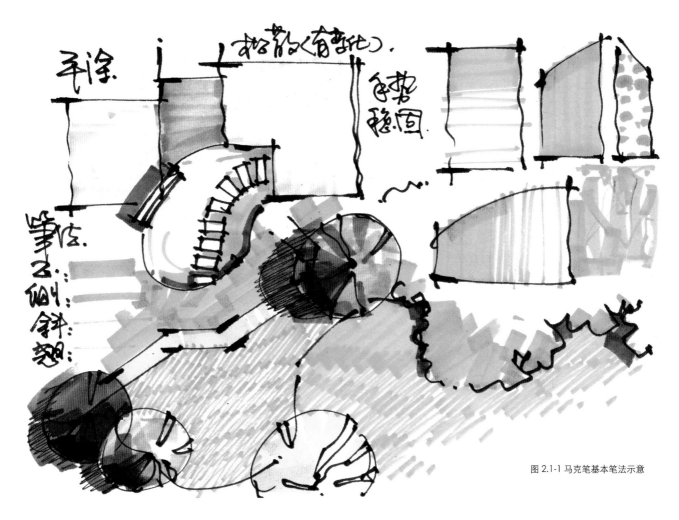

图 2.1-1 马克笔基本笔法示意

现时基本契合建筑平面墙线宽度。

侧，笔尖侧向运笔，笔触宽度较竖向运笔更细一些，选用双头笔（一头粗，一头细）的话笔触宽度基本和另一头的小笔尖画出来的宽度相等。

斜，笔尖相对正向运笔旋转 45°，利用笔尖正向与侧向的交界部分与纸面接触，运笔速度为正常速度，可以画出较细且挺括的线条。

翘，笔尖翘起，运用后端排笔可以画出特别细的笔触效果。

点，运用笔尖在画面上点，形状大小和刚柔相较排线有更多不确定因素，就笔者推荐方形笔尖类马克笔而言，笔触会显得方正、刚硬。

掠，运笔快速擦过画面，相较正常速度排线运笔相同色彩会更显清淡，笔触末梢边缘有虚化感。

晕，运笔贴合纸面慢慢移动，让色彩在纸上自然晕开，笔触边缘会显得柔和圆润。

蹭，运笔贴合纸面来回涂抹，速度控制适当的话笔触叠加处几乎没有痕迹。

4. 彩 铅

同为快速表现的色彩渲染工具，彩铅经常被用来搭配马克笔共同使用，就材质属性来说彩铅有水溶性和油性两种，两者之间的差别除了一个能够用水融开笔触营造水彩效果，一个不能之外，水溶性彩铅的触感相比油性彩铅要柔和许多，相对于马克笔笔触清晰爽朗、色彩明快的特点，彩铅具有细腻柔和的特性，在笔法应用方面除了速度和角度（钝、锐）变化之外，多了一重力度的变化应用（轻、重），因而在笔触的表现力上相较于马克笔又丰富许多，既可以粗犷豪放也可以细腻柔和。

5. 尺规工具

城市规划快题手绘由于图面尺幅规格较大（以同济大学为例，一般都在A1），除了必要的徒手表现基本功训练，合理地应用尺规器械也是考研学子必须掌握的一门功课，常用的尺规工具大致有一字尺、丁字尺、三角尺和平行尺等。实际操作中建议长线用尺，短线徒手，两者结合以确保时间效率与画面质量的有效控制，或者用尺规打底稿，再徒手描绘。

6. 其他工具：橡皮、修正液、高光笔（白笔）

橡 皮：作为修图工具的橡皮想必大家都不会陌生，在此笔者想强调的是，橡皮不仅可以作为修正、清洁画面的工具，应用得当，橡皮本身也可以作为"画笔"使用！

修正液、高光笔（白笔）：和橡皮一样，修正液、高光笔（白笔）两者既是改图工具，在色彩渲染后期调整时则是作为绘画工具来使用的，金属质感的物体、水景、玻璃幕墙以及画面的暗部等经过这两种工具的润色后往往会令人产生"眼前一亮"的感觉，所以这两种工具亦可说是手绘表现中的"点睛之笔"。

二. 快题手绘基础练习

1. 线条练习

着重训练对于笔法三要素（速度、角度、力度）的应用与工具属性了解而展开，线条的基本类型可简化为直线和曲线两大类。同理，运笔的状态亦可粗分为理性（控制）和感性（自由）两种。

2. 照片临绘

照片临绘相比临摹成画作对初学者而言难度要增加不少，但是也更有益处，不是简单的拷贝不走样，而是通过作画者对于照片的观察、分析，对画面做重新处理。还要突出重点，有所取舍。重点在于素材的收集、积累以及造型能力（观察、表达）的提升。

3. 徒手透视

快速表现中的透视应用和平时课间所学画法几何差别在于摒弃了后者冗长繁复的计算推理演化过程，汲取了透视现象中

的基本要点（渐变、层叠、视平线与顶底面的视角高低变化关系等），在实际应用中更注重主观感受的表达。

4. 色彩渲染

限色应用的能力训练。快题手绘的色彩表现相较于绘画基础的色彩训练，更偏重图解示意的功效，着色时强调固有色的代表作用（例：绿＝绿化、植被；蓝＝水景、天空；棕（褐）＝木材），具有平面化特征。

三. 快题考试实战模拟

1. 版式训练

快题手绘第一印象应该是包含所有图纸（总平面图、各项分析图、鸟瞰图等）的整体版面，其次才是各种图纸的具体内容。了解版式基本类型及对常用版式的熟练应用，是决定画面最终效果和整体感的重要一环。

2. 节奏把控

将快题的分项图纸（总平、分析、表现图）及作图步骤（草构、排版、放线、构稿、文字标注、渲染、调整）逐一分解，建立时间表以备自行检验，确立同步、高效的操作流程，充分把握作图的时间进程，以达到完整、规范，美观的图面表达效果，以及充分准确地表达设计理念。

3. 总体模拟

按照快题考试要求的内容分步完成：（1）草图构思；（2）图（线）稿绘制；（3）色彩渲染；（4）文字标注；（5）综合调整。不必受时间限制约束，只需尽全力把题目做完，让问题充分暴露（解题思路，技法应用），但必须在每一步骤完成后做一个用时记录，以便后期做分析改进。后期训练阶段，可以针对阶段过程中的超时现象做技法（思路）调整，逐步改进，更为细致些的话可以就图纸内容（如总平、分析、鸟瞰等）的完成时间也做一下记录。通过计时练习，逐步达到或超过快题考试要求，使得自己有比较充裕的时间进行构思和表现。

第二节
城市规划快题设计手绘表现的基本内容解析

一. 城市规划快题表现基本内容

城市规划快题表现基本分为三部分内容：总平面图、分析图和鸟瞰图。

1. 总平面图

这里讨论在方案基本没有重大缺陷的前提下，总平面的表现技巧。总平面要达到规范、清晰、完整。建筑层数标注、主要功能标注、比例尺、指北针、图名等不能缺项，线条要肯定、清晰。色彩原则上以淡彩为主，色彩要清新，表达材质和环境特征，色彩不宜过多，主要工具多采用马克笔，局部可配合彩铅。

总平面上色的基本技巧可归纳为以下三步：

第一步：确定色彩基调。是指在线稿完成的基础上，用四到五种色彩铺满画面大部分面积，确定画面的基调。一般用黄绿色涂地面和草坪；用深绿色涂树木；用蓝色涂水面；用暖土黄色涂硬质铺装。这几个颜色涂完后，画面的基底上色基本完成，建筑和道路可以留白，道路的线形可以用行道树限定出来。

第二步：画面深化和完善。在第一步确定画面基调的基础上，可以对画面进行深化，如增加建筑和树木的阴影，增加建筑屋顶细部，丰富环境细节、强化重要空间轴线和场地等。

第三步：点睛和提升。为了使画面更加精彩细腻，可以进一步丰富环境细节，如增加周边环境的退晕和层次，增加水岸的阴影，用鲜艳的亮色涂相关的树木，以突出重要场地和轴线，细化场地划分等细节，整体调整画面的明暗层次和对比度。

2. 分析图

规划分析图一般包括功能结构分析图、道路系统规划图、景观系统分析图等，在快题设计中往往不被重视，其实简洁、清晰的分析图不仅能直观、明确地说明设计意图，突出设计的主旨，同时也能很好地检验设计构思的逻辑，是提高设计能力和构思表达能力的重要手段。

规划分析图的表达技巧可概括为：清晰简洁、要素要少，突出主要内容，点线面结合，图面完整均衡。针对要分析的内容，突出分析的主体要素，将无关的要素忽略，用简洁、清晰的图例或符号加以表达，注意画面均衡，避免全部是线要素或点要素。如果分析的主题内容是线要素（道路、轴线）或点要素（空间节点），也可以用面要素加以衬托（如将用地涂成淡色作为衬底）。不同的图例用色要鲜明，区别明显，避免同色系的深浅变化，这种分析图很容易造成色彩的混淆。

3. 鸟瞰图

鸟瞰图表现是本书介绍的重点。鸟瞰图的表现可分为视点选取、线稿完成、基底上色、画面深化完善、画面点睛和提升等几个步骤。在后面的章节中，结合案例会做详细介绍。在此，我们先介绍一下根据总平面布局，初步完成线稿透视图的步骤和技巧。

鸟瞰图快速透视表现方法一：

投影画法的简化应用：预先设定好视角，将平面旋转至预想的角度，把画面做垂直投影处理，形成梯变效果（依据整体平面，路网构架，建筑，绿化组团渐次展开）强化主次虚实对比关系，突出画面（设计）中心焦点，简单着色（图2.2-1a —图2.2-1d）。

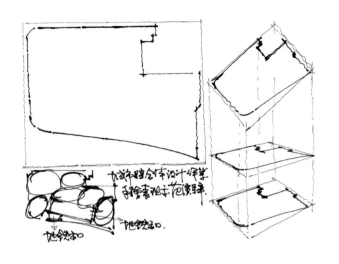

图 2.2-1a

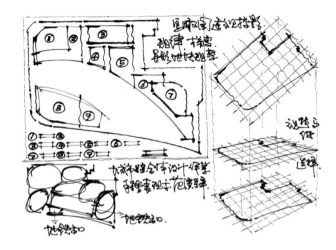

图 2.2-1b

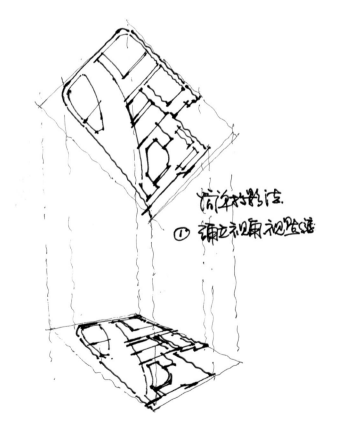

图 2.2-1c

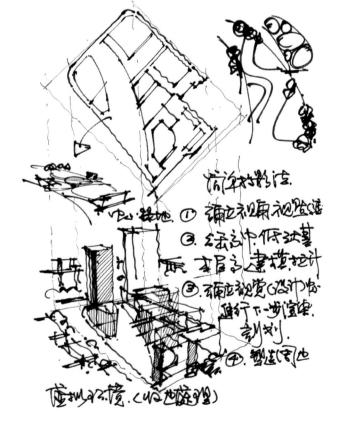

图 2.2-1d

相关辅助练习（图 2.2-2a、图 2.2-2b）

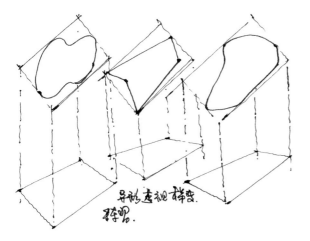

图 2.2-2a

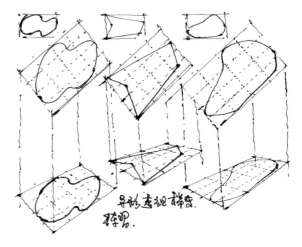

图 2.2-2b

鸟瞰图快速透视表现方法二：

　　任意选择一张平面图，用相机（手机）从侧上方（角度、高度任选）拍摄，画面自然形成梯变效果，直接对照画面临摹做垂直立面拉伸处理（细节参照方法一即可）（图 2.2-3a — 图 2.2-3f）。

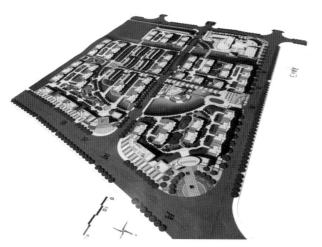

图 2.2-3a

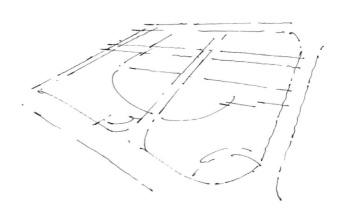

图 2.2-3b

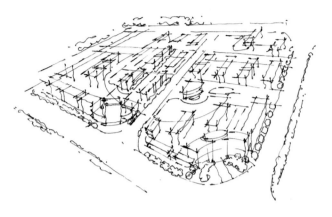

图 2.2-3c

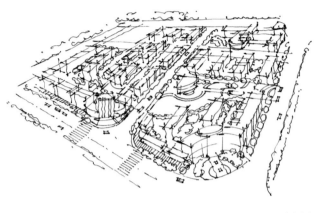

图 2.2-3d

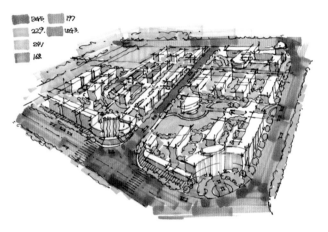

图 2.2-3e

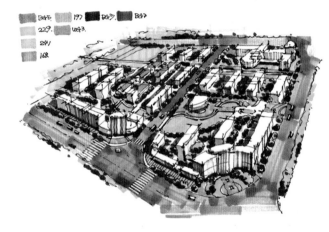

图 2.2-3f

技法要点：记住几个关键词：渐变（梯变）、视平线与顶底面的垂直变化关系。将表现（表达）内容预先做好优先排序，步骤分解（初始框架，结构深化，光影渲染，润色调整）多图同步，有序推进。

鸟瞰图绘制要点：视角选择前低后高（表现内容力求完整）；空间组团、轴线关系清晰明确，中心焦点突出；收边渐次退晕。

配景处理：鸟瞰图中的配景，如人物、汽车等，由于体量尺度的悬殊对比，更具有几何化、符号化的特点，即便像绿化带、树丛的处理亦是如此。

二．城市规划快题表现常见问题

1. 笔 触

笔触应用的问题是手绘表现中常见的问题之一，经常会见到一些形体结构比例都画得不错的表现图最后由于笔触控制应用的问题破坏了原有画面整体的均衡感。这里有两种方法供大家参考：第一种，顺着结构方向排线，这点对于绘画基础好的同学，应该不难做到 。第二种，普遍适用且比较容易掌握的方法，尽量顺应同一方向排笔，为避免画面单调，可采用小角度相切的方法交错、叠加，按照这样画出来的画面整体感都不会差。

2. 文字标注

　　快题设计的文字，不仅有配合图解说明的功效，对于画面整体平衡亦有着不可小觑的作用，就应试快题而言，一般主标题尺寸控制在 50~60mm 之间为宜，字距设定在 5~6mm，副标题尺寸 20~25mm，其他文字说明则保持在 10mm 左右，书写之前先用尺规划出框架，无论原来书写水准如何，撑足框架写，确保大小一致，这一方法对于写字缺乏自信又担心因此破坏画面感的同学不失为万全之策。

3. 大面积的空白渲染如何处理

　　快题表现中经常会有大面积的空白画面（尤其以平面图居多）需要处理，如平面中的水景，绿（草）地以及立体表现图中的天空等，这里介绍一个方法供大家参考，简要的说就是化整为零，可以把大面积的空白（面）先期用铅笔细分为相等宽度的条状（线），然后再用马克笔或彩铅用短线（笔触）在划定范围内渐次铺排，详见（图 2.2-4a — 2.2-4f）。

4. 快题手绘表现的特性

　　对于整体画面而言，注重造型、尺度比例以及结构的准确表现；材质与形态表现具有符号化、概念化特点；着色技巧着重平面化、符号化、示意性表达；色彩配置强调以少胜多，简洁明快。就时间配置比例而言，线稿阶段所花时间远大于色彩渲染时间。

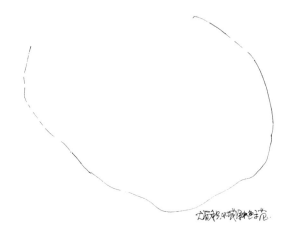

图 2.2-4a

图 2.2-4b

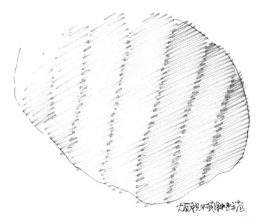

图 2.2-4c

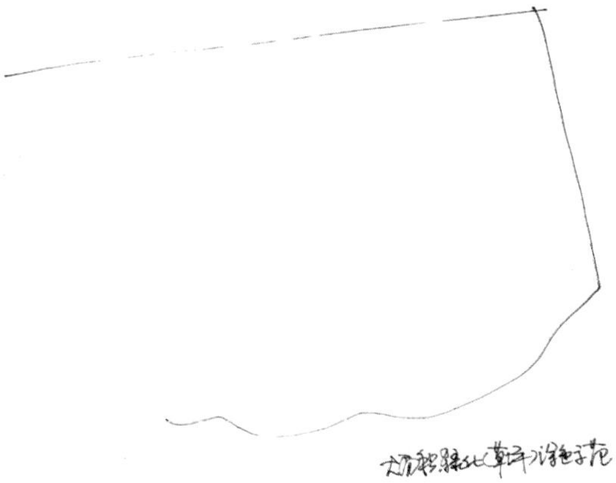

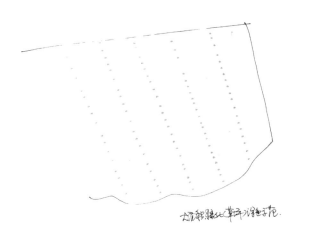

图 2.2-4d

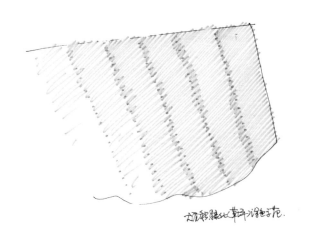

图 2.2-4e

第三章
设计构思和立意——设计结构的概念和建立

城市规划快题设计，最重要的是要在较短的时间内，把握设计题目所提供的现状条件，综合利用现状资源要素，呼应基地的禀赋和要求，比较圆满地解决问题，提出完整的设计方案和设想。

对设计者而言，很多人都有这样的感受：刚拿到项目基地或设计题目时，面对空空的基地感到十分茫然，不知从何入手？因此，如何快速理解题目的条件和要解决的问题，提出方案的基本构架，快速"进入方案设计状态"是非常重要的，即要在较短的时间内找到解决题目问题的方向和途径，进而发展完成整个方案。目前很多快速设计方面的参考书，重点多是在介绍如何把方案"画得快、画得好"，却忽视了方案的构思和生成过程，如果方案本身有缺陷，则图纸画得再好看也是没有什么用处的；或者构思方案花去了太多的时间，到后面已经没有时间进行方案的表现了，只能草草收场，这也会影响快题考试的成绩。

因此，快速找到设计的思路，构思形成方案的基本构架，是快速设计的基础和灵魂，而构思和形成"**设计结构**"就是解决这个问题的途径。

这里所说的设计结构，不同于建筑支撑体系的结构，确切地说，这里的结构是指各种要素的组织方式，体现为一种"关系的设计"，即各种要素之间通过怎样的方式组织在一起，形成完整的体系和系统，共同控制整个项目基地，满足各项功能需求，并引导空间形态的形成。比如，金刚石和石墨的组成元素是相同的，都是六个碳原子，但组织方式不同，金刚石是立体空间结构，石墨是平面结构。即是说，虽然组成的元素是一样的，由于组织方式不同，同样是六个碳原子产生的结果会有本质的不同。同样，在城市规划方案设计中，我们面临的很多元素也是相同的，都包括建筑、道路、山体、水面等等，通过怎样的方式把这些要素组织起来，使之成为金刚石而不是石墨，即发挥地块的最大价值，就是我们所要探讨和追求的，而这种组织方式就是我们所说的设计结构。

制定和提出设计结构，依赖于设计师对现状空间形态格局和资源禀赋的深刻理解，以及对各项功能需求和技术规范

图 2.2-4f

的正确把握，并掌握各类功能活动在这种格局和发展中所具有的三维特征。通过对这些三维特征的提炼和概括，在基地全局层面上建立一个清晰的空间形态框架，为空间格局建立内在的秩序与逻辑，并呼应基地的环境条件、解决项目的功能需求。这个空间整体框架反映在设计师的头脑中，则表现为一种设计的主导观念或设计理念及策略。这个观念或框架以三维形式实现于基地空间中，并与各类活动发生直接作用，项目的空间形态发展就找到了依托，这个过程就是设计结构建立的过程，以设计结构为基础，可以发展、完成整体的方案设计。E·培根指出，好的城市设计，能在城市的空间形态方面产生一种逻辑和内聚力，一种对赋予城市及其地区以性格的突出特征的尊重。而这种空间形态的逻辑和内聚力，正是来源于设计结构的确立和发展。

需要说明的是，这里所说的设计结构与我们平时说的"规划结构分析"也有一定区别。我们经常可以看到对规划结构的表述是"几心几轴几廊几片"等，这种表述并未能阐明设计结构的本质，只是对设计结构所呈现出来的形式做了静态和抽象的描述而已。实际上，设计结构的真正价值在于这些元素（心、轴、廊、片）是如何组织起来而形成了目前的结果，而不在于静态地呈现这个结果本身。因此，对设计结构的描述，有时也会采用类似上面的说法，但其关注的重点在于如何利用轴、廊等方式将不同的元素（包括人工元素和自然元素）组织起来，更好地回应基地的特征，满足特定的功能要求；有些时候，设计结构则直接用系统的、体系的方式来描述，来表达各要素之间的关系（联系、沟通、分隔、并置等），并把这种组织方式或关系落实到基地空间中去，从而形成方案的基本骨架。

如何建立设计结构？如前所述，设计结构是找到最佳的组织形式，将基地的相关要素组织起来，一方面充分利用基地优势、减少不利条件的影响，同时满足项目需求，实现基地价值的最大化。从这个意义上说，设计结构主要涉及的因素包括：（1）基地条件（要素）；（2）项目需求（问题或目标）；（3）组织的方式。设计结构的建立过程，就是这三方面因素的相互作用过程，在基地条件和项目目标之间建立起空间、功能和形态方面的联系，而这种联系和组织方式所体现的设计主导观念又以清晰的三维形式落实到基地上。在下面的章节中，我们针对城市居住区、城市重点地段、城市广场、校园规划、科技园区规划等不同的项目类型进行如何

建立设计结构的介绍，希望通过这些案例的介绍，使大家可以看到面对不同的基地问题，如何抓住主要矛盾，较快找到解决问题的方向和途径，并以设计结构的方式体现出来。这对提高设计能力是至关重要的。虽然每个项目的特点和要求都不尽相同，但建立设计结构的方法还是有规律可循的。通过对这些案例建立设计结构的方法进行总结、归纳，掌握其基本规律和方法，在以后的快题考试或日常设计中，就有了较快理解项目、进入设计状态的途径，从而可以有效避免一拿到设计题目即感到茫然、不知如何入手的问题。

第四章
城市规划快题设计分类指导（一）：
城市居住区规划

第一节 城市一般居住区规划

案例 1 台州市路桥区洋张小区规划

1. 项目基本情况

　　本项目位于浙江省台州市路桥区，是洋张村的安置小区。基地由南北两个地块组成，西侧有一条自然河道，周边为城市道路，地块内地势平坦（图 4.1.1-1）。

2. 设计结构

　　■ 整合与沟通

　　基地的南北两个地块规模相近，设计考虑将两者联系起来，加强小区空间上的整体性；同时，基地西侧的自然河道景观也是一个较好的环境条件，可以善加利用，提升居住空间质量。基于此，整合与沟通就作为本项目设计结构的关键词。具体做法如下：整合层面，利用半圆形小区主路，将南北两个地块整合在一起，形成完整的空间形态意象；在绿化方面，将西侧滨河绿带南北延伸，纵贯整个基地，同时在基地内部开辟一条与之平行的绿廊，贯穿南北两个地块，这样通过绿化和道路的设置，将两个地块整合在一起。在沟通层面，两个地块各开辟一条东西向的绿廊，将河道景观导入小区内部，同时沿半圆形主路设置小区中央水体景观，与两条绿廊共同构成完整的绿化景观体系（图 4.1.1-2）。

3. 方案生成

　　根据设计结构，考虑住宅尺度和日照间距，布置总平面（图 4.1.1-3），基地东北角留出广场，转角布置公建，形成视觉焦点。根据总体布局和设计构思完成相关分析图（图 4.1.1-4a — 图 4.1.1-4c）。

图 4.1.1-1 用地现状图　　　　　　　图 4.1.1-2 设计结构概念草图

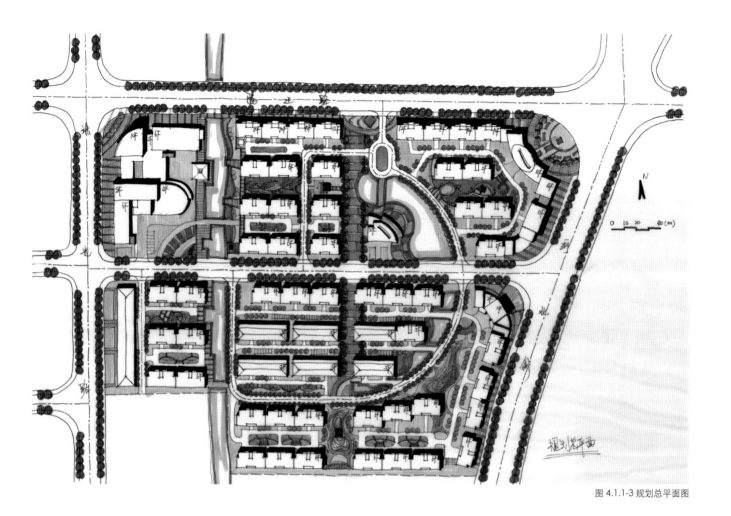

图 4.1.1-3 规划总平面图

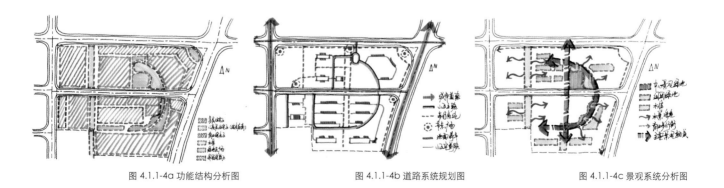

图 4.1.1-4a 功能结构分析图　　　　　图 4.1.1-4b 道路系统规划图　　　　　图 4.1.1-4c 景观系统分析图

4. 鸟瞰图

步骤一：选取基地西南角作为鸟瞰视点位置，视点高度较高，这样可以清晰表达设计结构，将河流及小区中央水体景观置于画面比较中心的位置，根据总平面布局，拉出建筑体块（图4.1.1-5a）。

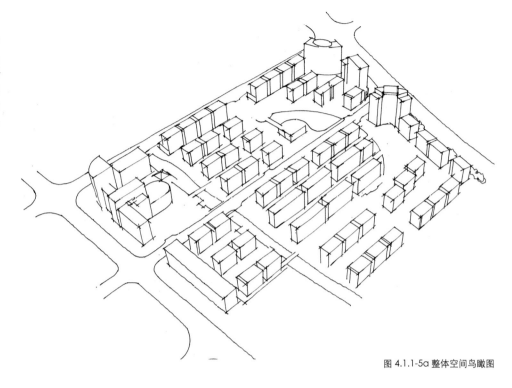

图 4.1.1-5a 整体空间鸟瞰图

步骤二：在步骤一的基础上，增加建筑细部和环境，用竖向线条表达建筑立面特点及简单区分建筑的明暗面，完成线稿（图4.1.1-5b）。

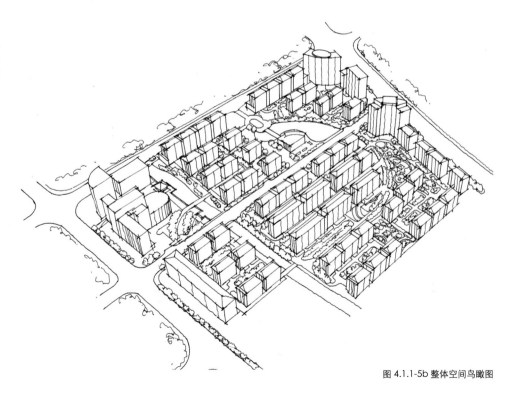

图 4.1.1-5b 整体空间鸟瞰图

步骤三：画面基底及环境上色。用黄绿色（24 号色——注：此处指某品牌马克笔的笔号颜色，读者可根据自己习惯的品牌确定相应颜色的笔号，并把这几种颜色的笔熟练运用，下同）涂地面和草坪，注意画面边缘的笔触要整齐；用深绿色（45 号色、229 号色）涂树木和外围团状树林；用浅灰色（179 号色）涂道路和建筑暗面，注意道路涂色要淡并要留白；用浅蓝色（236 号色）涂水面。一般说来，确定画面基调主要用 4~5 种颜色就够了，不要颜色过多过杂，建筑基本留白即可。把这 4~5 种颜色运用熟练，对快速确定画面基本色调非常重要，有了基调这个"底"做保障，画面整体来说能够确保不会出现大的问题，在此基础上，再做点睛和提升也比较容易（图 4.1.1-5c）。

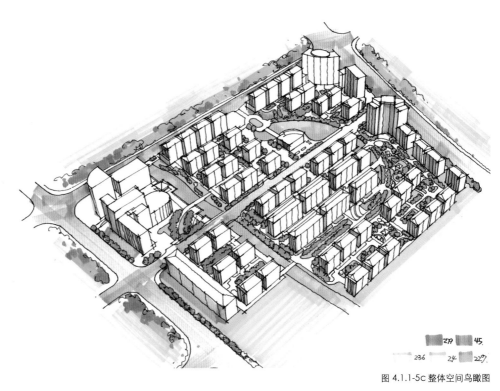

图 4.1.1-5c 整体空间鸟瞰图

步骤四：深化和完善。增加建筑阴影和树木的暗部，加强画面的对比度和层次感。树木的暗部可用更深的绿色（50 号笔）或黑色（258 号笔）。增加建筑立面和屋顶细部，可使用具有覆盖功能的白色线条笔（高光笔）表达屋顶瓦面高光；增加环境硬质铺装，可用比较明亮的暖色调，如橙红色（179 号笔）以及淡土黄色（246 号笔），增加水中倒影和建筑幕墙玻璃的变化，整体调整画面的明暗关系（图 4.1.1-5d）。

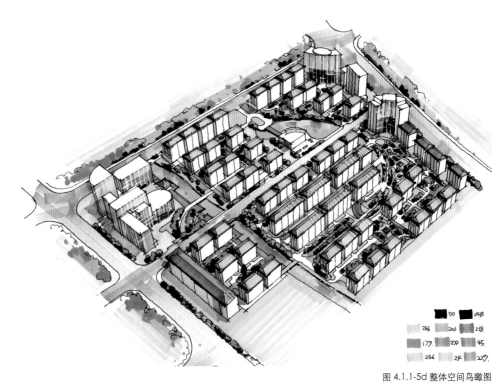

图 4.1.1-5d 整体空间鸟瞰图

步骤五：点睛和提升。作为一般的快题考试，达到上面步骤四的效果已经能够满足要求。如果时间充裕或者作为项目的效果表现图，则还可以进一步点睛和提升。用灰色调（279号笔）强化地面，增加画面整体的对比度和厚重感；增强建筑暗部和阴影，增加建筑立面细部和窗户表现（用深色做底白色线条覆盖表现窗户细节），用鲜艳的亮色表现滨水步道和景观小品，树木和环境的层次进一步丰富，增强画面的层次与感染力（图 4.1.1-5e）。

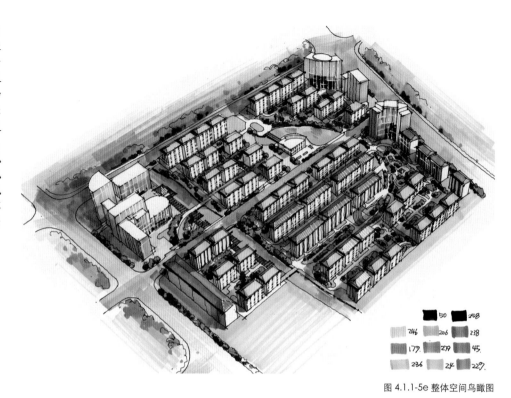

图 4.1.1-5e 整体空间鸟瞰图

鸟瞰图也可以根据设计意图选取不同的视角加以表现。以本项目为例，我们也可以选取基地东北角作为鸟瞰的视点。同样将视点高度设得高一些，以便可以较好地表达院落空间和环境。预判、调整透视灭点的位置，使得中央水景位于画面中、前部，根据总平面布局完成线稿，然后按照上面介绍的鸟瞰图画法步骤完成表现（图 4.1.1-6a — 图 4.1.1-6c）。注意图中道路上斜向线条的画法。道路一般占据画面前部和周边，比较难表现，一般可以留白，如果上色一定要用比较浅的灰色（如果用深色，最好要在道路上增加车道线、人行横道线等细节）并注意留白和深浅变化，本例中道路上斜向线条的排列画法比较生动，可以参考借鉴。

图 4.1.1-6a 整体空间鸟瞰图

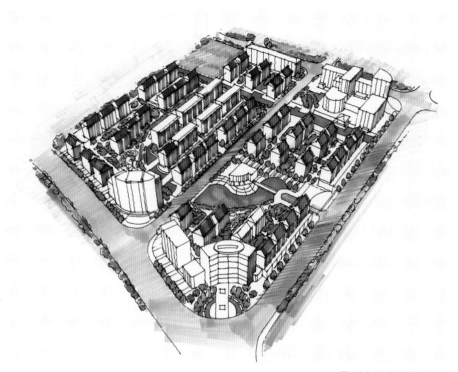

图 4.1.1-6b 整体空间鸟瞰图

图 4.1.1-6c 整体空间鸟瞰图

案例 2 珍珠半岛泰园小区规划

1. 项目基本情况

基地位于淳安县珍珠半岛东段，北临珍珠大道，南部为自然山体，东部为珍珠半岛地标珍珠广场和开阔的南湖湖面，地理位置十分优越，适合建设品位较高的居住小区。基地面积不大，平地加上山脚缓坡地总共只有 5.58 公顷，如何在得天独厚的湖光山色间营造与自然环境有机相融的居住环境，探索高强度开发条件下小区建筑、环境个性特色追求的可行性，是本方案的目标所在（图 4.1.2-1）。

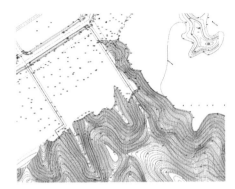

图 4.1.2-1 用地现状图

2. 设计结构

■ 有开口的回转曲线

根据基地北部规整、承接城市界面，东部南部自然、融合自然景观的特点，为了塑造富有特色的整体空间形象，设计结构从两个方面建立。一是以建筑布局形成一条流动、回转的曲线，承接地形特征。北部较为平缓，延续城市界面，并利用曲线的弧度自然内凹，形成小区入口空间；南部曲线较为强烈，与山体形成自然界面，同时，利用弧线的弯折自然形成两个院落组团。二是沟通小区内部空间与外部自然景观的联系。在保证曲线视觉连续的基础上，在东部和南部将曲线自然断开，形成朝向广场湖面和自然山体的视线通廊。

在此设计结构的基础上，布局住宅单体，将中高层布置在北部曲线上，一来可以有效消解日照间距，二来可以形成突出的城市界面形象；多层住宅布置在中部，形成院落空间；独立式别墅布置在山脚缓坡上，依山就势，散落在自然地形上，与周边环境有机相融（图 4.1.2-2）。

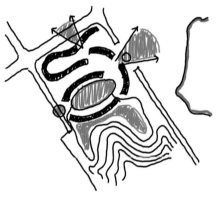

图 4.1.2-2 设计结构概念草图

3. 设计结构评析

"有开口的回转曲线"这一设计结构，很好地回应了基地的条件和开发需求：一是形成了独特的空间形象；二是与周边城市和自然环境相呼应；三是有效地引导空间布局，并在创造特色居住空间的基础上实现了较高的开发强度。

4. 方案生成

在此设计结构控制引导下，生成方案总体结构，进而完成规划总平面图（图 4.1.2-3）和各专项分析图（图 4.1.2-4a — 图 4.1.2-4c）。

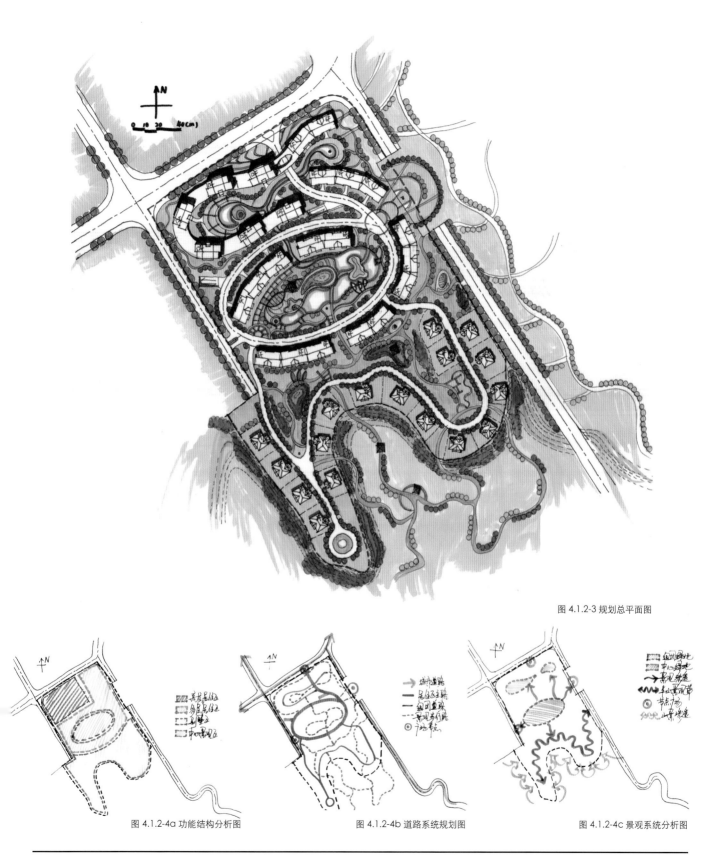

图 4.1.2-3 规划总平面图

图 4.1.2-4a 功能结构分析图　　　　图 4.1.2-4b 道路系统规划图　　　　图 4.1.2-4c 景观系统分析图

5. 鸟瞰图

步骤一：选取基地的东南角作为鸟瞰视点位置，视点较高，这样可以完整地俯瞰院落空间，重点刻画建筑布局形成的回转曲线形态，突出了东侧的开口位置，并交代此开口对接的广场和绿化景观，山脚下做虚化处理，烘托出气氛即可，达到周边自然生态与基地人工形态塑造的戏剧化对比效果，勾勒出基本布局形态（图4.1.2-5a）。

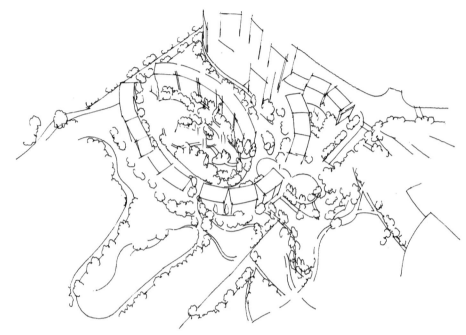

图 4.1.2-5a 整体空间鸟瞰图

步骤二：丰富和完善细部，建筑只做顶部和体块的简单变化，重点是突出建筑整体布局的连续性和流动性，展现设计结构的特色；绿化树木采用团状表现，内部不再填充线条，因为建筑布局比较丰富，绿化和基底配景应适度简化，避免喧宾夺主（图4.1.2-5b）。

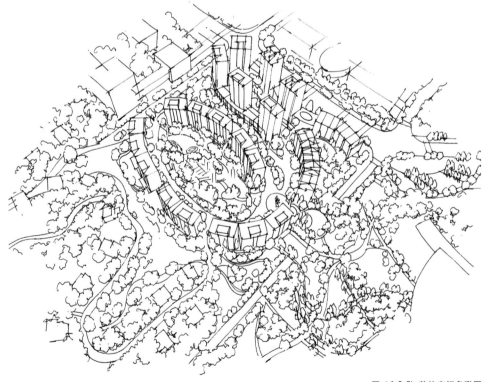

图 4.1.2-5b 整体空间鸟瞰图

步骤三：环境和基底渲染，确定画面整体基调。用大面积的黄绿色铺满基底，用暖灰色突出周边道路，并区分建筑的明暗面，增加立体感。在此基础上，用深绿点画树木，使树木和地面草坪区分开来，同时，用深灰色刻画建筑顶部，注意明暗面变化和适当留白，使得设计结构的曲线再次得到强化并气韵生动（图4.1.2-5c）。

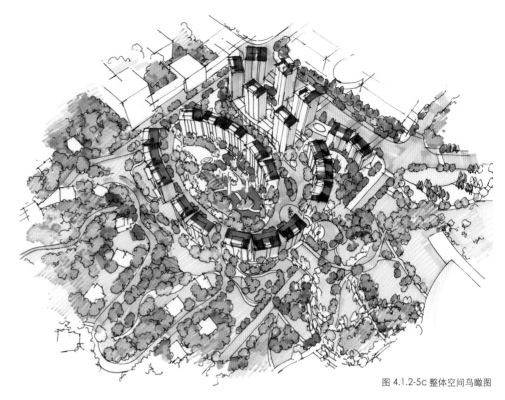

图 4.1.2-5c 整体空间鸟瞰图

步骤四：进一步丰富和完善画面，并突出景观特点。外围环境主要是增加树木的暗部和色彩变化，通过较大面积的暗部表现，增加画面的厚重感和层次感；院落空间的核心景观突出明快特色，水面不能用蓝色全部涂满，要有留白和高光。画面最外围用蓝灰色宽线条勾边，表现周边建筑和水面。注意：这些线条看似简单，但非常重要，因为处在画面的最外围，是人视线很容易注意到的地方，如果线条杂乱、没有表现力，则会很大程度上破坏画面的整体效果。所以，如果对自己的线条功力没有绝对的信心，建议不要胡乱涂画线条，而是老老实实地把线排得比较规矩整齐，并照顾建筑明暗的深浅变化（图4.1.2-5d）。

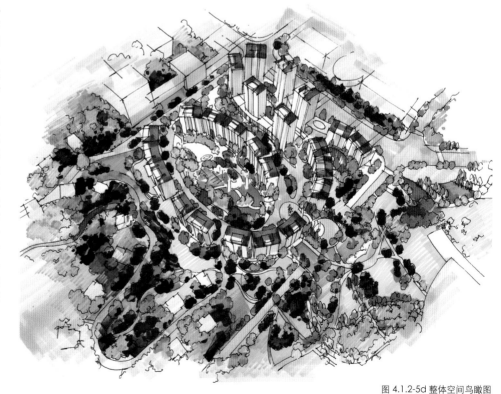

图 4.1.2-5d 整体空间鸟瞰图

步骤五：点睛和提升。如果是快题设计考试，鸟瞰图表现达到步骤四的程度已经能够较好地满足要求了。如果是平时的设计项目，作为成果表现，或者是考试时间还比较充裕，则在步骤四的基础上，还可以进一步提升，使画面更有冲击力和感染力。主要的深化方向有三个：一是用深灰色刻画阴影和暗部，增加画面整体的对比度和层次感；二是用不同深度和明度的绿色，进一步丰富环境的细节和层次；三是利用特殊的具有覆盖功能的白色油性笔（即高光笔，一般文具店均有售），刻画建筑的窗户、地面的铺装等细节，使得画面具有更多的细节和亮点（图 4.1.2-5e）。

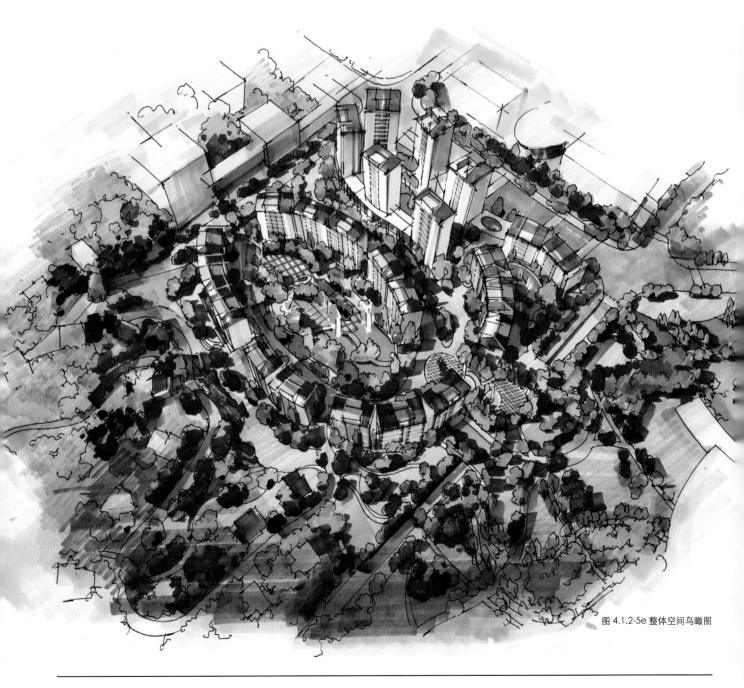

图 4.1.2-5e 整体空间鸟瞰图

图 4.1.3-1 用地现状图

案例 3 开化县老城区棚户区改造地块规划

1. 项目基本情况

基地由南北两个地块组成（图 4.1.3-1），中部的分隔区域（图 4.1.3-2a 中红色阴影区域）只能通道路，不允许进行建筑布局。小区四周为城市道路，东侧临自然景观河道。因为是同一个开发单位，因此希望能将两个地块整合为统一的整体，同时能形成比较小的组团，便于分期开发。

2. 设计结构

■ "工"字形绿廊结合四面延伸的环形路网

针对基地特点和开发需求，设计上采取四个步骤来应对：1）针对中部不能建设的区域，设置小区入口，建立小区与东西侧城市道路的联系；2）设立两条平行中部分隔区域的绿色廊道，将东侧河流景观导入小区，并通过一条南北向的绿廊将这两条廊道连接起来，从而既创造了小区的绿色开放空间，又将地块划分为更小的组团（图 4.1.3-2a）；3）在小区中部设置环形主路，将三条绿廊、东西入口加以整合，并向南北延伸，形成小区整体结构骨架（图 4.1.3-2b）；4）根据道路和绿廊分割出的用地，形成小区居住组团，并且保证南北两个地块均有独立的出入口和完整的道路体系，可以分期开发，组合在一起又能形成统一的整体（图 4.1.3-2c）。

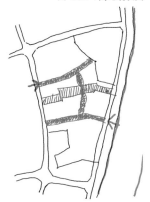

图 4.1.3-2a 设计结构概念草图

3. 方案生成

根据设计结构，考虑住宅建筑的尺度和日照间距，布置生成总平面（图 4.1.3-3），注意绿化廊道的刻画，并根据设计结构绘制各专项分析图（图 4.1.3-4a — 图 4.1.3-4c）。

图 4.1.3-2b 设计结构概念草图

图 4.1.3-2c 设计结构概念草图

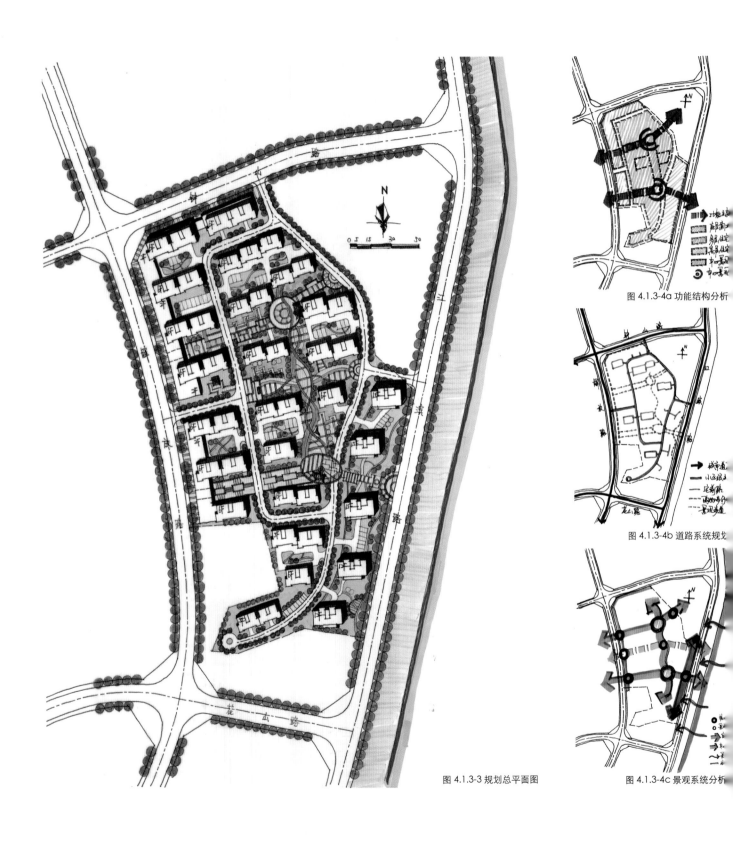

图 4.1.3-4a 功能结构分析

图 4.1.3-4b 道路系统规划

图 4.1.3-3 规划总平面图

图 4.1.3-4c 景观系统分析

4. 鸟瞰图

步骤一：选取基地西北角作为鸟瞰视点位置，这样河流可以作为远处的背景，高层建筑也在画面后部，不会对其他建筑产生遮挡，而且建筑的正面和侧面明暗关系较好。视点高度不是很高，既能表现建筑之间的院落空间，又能较好地展示建筑形成的规整和序列感。根据平面布局，生成建筑体块和布局，绿化环境采用团状线条，与建筑的直线条形成对比（图 4.1.3-5a）。

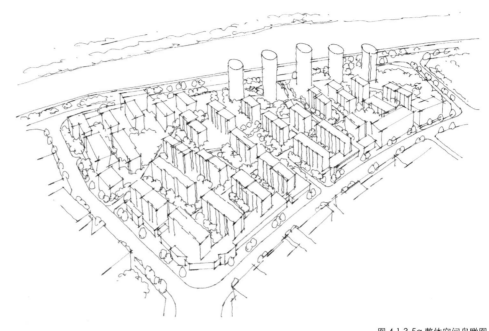

图 4.1.3-5a 整体空间鸟瞰图

步骤二：铺满环境和基底，确定画面基调。由于角度关系，近景中基本只能看到树木，只有远景滨河景观带能看到地面，因此选用两种绿色铺满基底，一种深绿色涂树木，一种黄绿色涂地面草坪，与白色块的建筑相映衬，确定画面清新、明快的基调。同时，用淡淡的灰色突出周边道路和建筑的暗部，用浅蓝灰色勾勒出河流的水面，并注意大量留白（图 4.1.3-5b）。

图 4.1.3-5b 整体空间鸟瞰图

步骤三：添加细部，丰富画面。增加屋顶、人行道铺装、小区内部硬质铺装的色彩，刻画树木和建筑的暗部，增加景观层次和画面对比度，并根据画面整体均衡和景深层次的要求，调整暗部分布的数量和位置（图4.1.3-5c）。

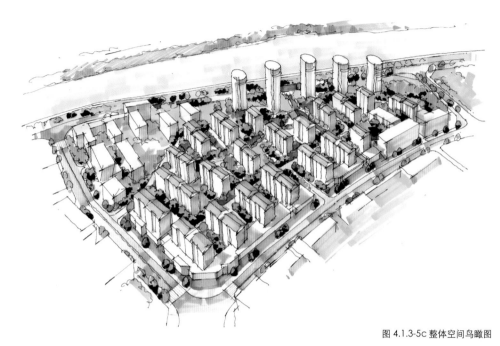

图 4.1.3-5c 整体空间鸟瞰图

步骤四：点睛和提升。如果作为快题考试，达到步骤三的效果已经能满足要求。如果需要进一步提升，还可以增加更多细节和层次：一是用大面积的深灰色覆盖基底，增强整体对比效果；二是增加建筑和环境细部，包括屋顶亮面、暗面的区分，墙面窗户细部的刻画、绿色层次的丰富、铺装颜色的变化、道路中心线、车道线、人行横道线等，使得整体画面更加丰富、细腻，富有感染力（图4.1.3-5d）。

图 4.1.3-5d 整体空间鸟瞰图

案例 4 缙云县西寮地块详细规划

1. 项目基本情况

基地位于浙江省缙云县 330 国道东侧，城市干道旭山路以北。基地由两个地块组成。西部地块被城市道路围合，呈三角形，地势较为平坦，且紧邻城市山体公园；东部地块为山地缓坡，地块中部有小型的西寮水库，水质清冽，自然条件和交通条件均十分优越。根据上位规划，东部地块依托自然山体和西寮水库优越条件，拟打造创意谷和企业会所，兼具休闲度假功能；西部地块相对完整，背山面水，拟建设高品质住宅小区，提升地区居住环境品质（图 4.1.4-1）。

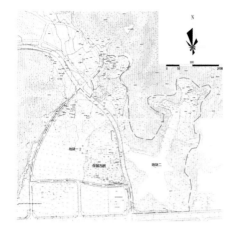

图 4.1.4-1 用地现状图

2. 设计结构

■ 景观通廊联通山水，并将不同形态的两个地块连接成为整体。

设立一条景观通廊，以打通西部的城市山体公园和东部西寮水库的联系，并将东西两个地块连接成为一个整体。同时，考虑用地环境条件和功能要求，东、西两个地块的空间形态应呈现不同的特色，西侧城市居住区宜相对规整，东侧创意谷宜相对自然生态。在此基础上，分别设定东西两个地块的内部结构，西侧地块采用经典的"四菜一汤"形式，围绕社区中心布置居住组团，并以上述景观通廊和小区主路作为组团分隔；东部地块依山就势，围绕西寮水库边界形成道路系统，串联不同的功能组团，企业会所采用独栋形式，每栋面积控制在 500~800 ㎡，既可以作为独立的小型企业总部或会所，也可以兼具度假休闲和小型会议功能（图 4.1.4-2）。

图 4.1.4-2 设计结构概念草图

3. 设计结构评析

本方案的特殊性在于，不仅基地分成了两个地块，并且这两个地块功能、形态、环境条件都有较大差异，西侧地块相对规整，东侧地块自然生态，在这种情况下，很难用一个形态要素将两个地块控制起来，因此要保持两个地块各自的特色和相对独立性。在此基础上，利用一条景观通廊，将东西两侧的山体公园和水库加以联通，既将两个地块纳入到整体自然环境之中，同时也将两者联系成为一个整体。

4. 方案生成

根据设计结构，考虑住宅建筑尺度（区别电梯中高层和多层住宅）和日照间距，注意企业会所的尺度（3 层，500~800 ㎡的独栋建筑）布局规划总平面（图 4.1.4-3），并绘制专项分析图（图 4.1.4-4a — 图 4.1.4-4c）。

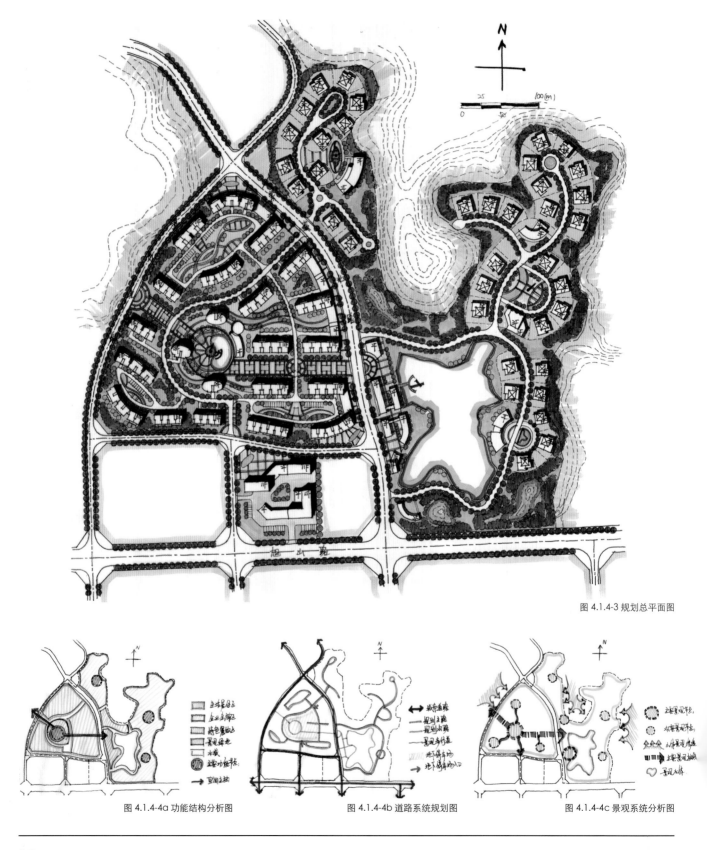

图 4.1.4-3 规划总平面图

图 4.1.4-4a 功能结构分析图　　　　图 4.1.4-4b 道路系统规划图　　　　图 4.1.4-4c 景观系统分析图

5. 鸟瞰图

步骤一：选取基地东南角为鸟瞰视点，调整位置使得体现设计结构的绿化通廊置于画面比较核心的位置。这个项目周边有大量的山体，是表现的难点所在，因此居住组团所在的地块要比较显著、居中，建筑体块线条比较丰富，并且线条要挺括，以便和周边自然山体的线条形成对比（图 4.1.4-5a）。

图 4.1.4-5a 整体空间鸟瞰图

步骤二：进一步强化中部居住地块。为了平衡大量山体的厚重感，同时表明周边环境特征，把南部保留建筑和北部山脚拟建的医院建筑群也表达出来，增加了画面中部的分量。同时，用简练的线条勾勒出山体的大致位置，环西寮水库周边做重点表现，向山体延伸的部分则做虚化处理（图 4.1.4-5b）。

图 4.1.4-5b 整体空间鸟瞰图

步骤三：山体和周边环境表达。根据等高线走向，确定山体走势和山谷、山脊线位置，并用线条阴影加以区分，并用简洁的团状树木画法表达山体植被（图4.1.4-5c）。

图 4.1.4-5c 整体空间鸟瞰图

步骤四：画面基底环境上色，确定画面基调。先用黄绿色线条铺满整个背景基底，留出道路、水面和建筑部分，然后用深绿色线条叠加在有山体的部分，虽然只有两层颜色，但由于有线条和阴影的衬托，山体的肌理可以得到很好体现，中部的建筑部分也得到较好突出（图4.1.4-5d）。

图 4.1.4-5d 整体空间鸟瞰图

步骤五：进一步深化。用灰色刻画道路和建筑的暗部，增加建筑的立体感，并强化用地边界范围，同时用蓝色表现水体。注意面积较大的水面要有深浅变化，一般靠近岸线部分颜色较深，水面中央位置颜色较浅，并注意留白和变化（图 4.1.4-5e）。

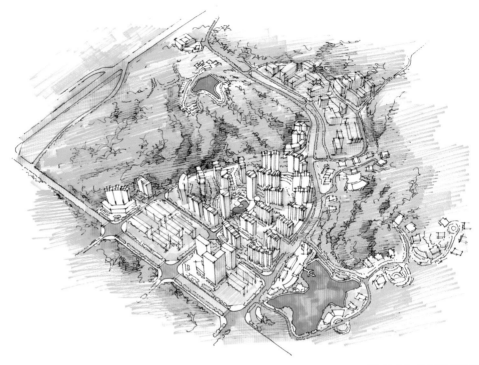

图 4.1.4-5e 整体空间鸟瞰图

步骤六：深化完善。增加山体暗部的层次，利用明暗交接突出山脊线的位置，并用较大面积的基底暗部，增强整体画面的对比度。建筑的暗部进一步强化，并增加墙面的竖向线条，丰富建筑细部的同时，加强建筑与周边自然山体的对比，同时增加景观细节，强化设计结构的景观通廊，整体协调画面，局部增加暗部色彩，外围线条利用排线密度的变化逐渐退晕，形成越往画面中心视觉越强烈的效果（图 4.1.4-5f）。

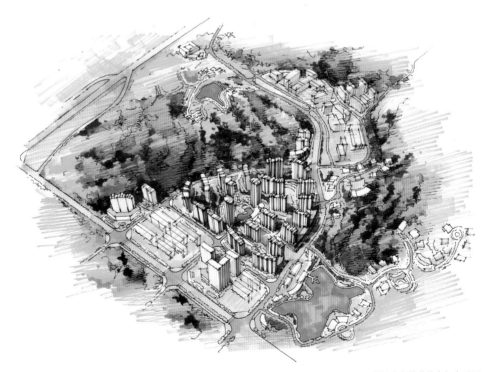

图 4.1.4-5f 整体空间鸟瞰图

步骤七：点睛和提升。作为快题考试，达到步骤六的效果已经可以满足要求。如果作为效果表现，还可以进一步对画面进行提升，增加点睛之笔，丰富细节和层次。山体环境方面，再增加一个暗部层次，用接近黑色的暗绿色，强化和点缀山体暗部，在景观通廊、节点广场和铺装上点缀些明亮、艳丽的红色和橘红色，与绿色背景形成较强烈的反差，建筑墙面、窗户的细节进一步丰富，道路增加车道线和人行横道线等细节。整体画面在基调确定的基础上，又增加了很多亮点，突出了设计结构，增加了画面的冲击力（图4.1.4-5g）。

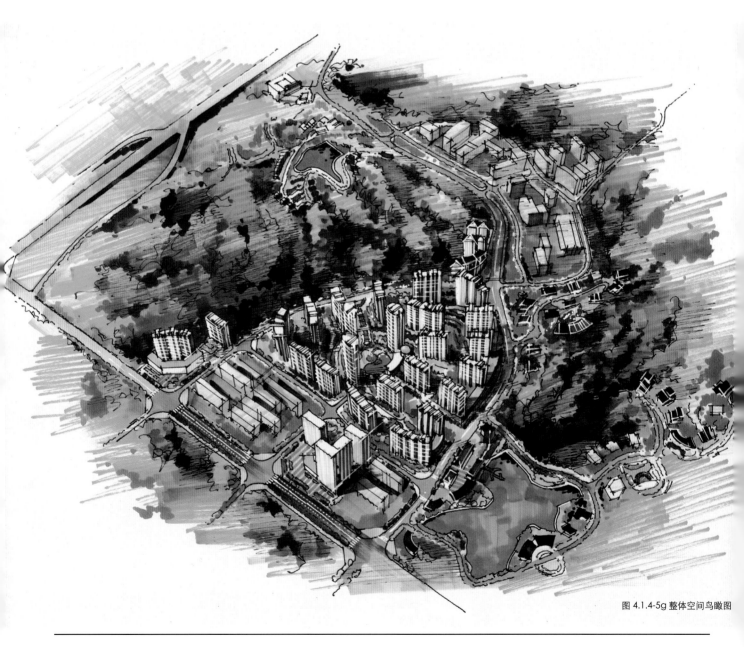

图 4.1.4-5g 整体空间鸟瞰图

案例 5 淳安县长途汽车站西侧居住小区规划

1. 项目基本情况

基地位于淳安县长途汽车站西侧，南临城市主干道睦州大道，西侧临水，北部为自然山体，景观条件较为优越。基地分为东西两个地块，主要功能为中高档居住社区，并考虑部分拆迁安置用房（图 4.1.5-1）。

2. 设计结构

■ **联系、沟通、中心营造的空间体系**

针对基地条件和特征，本方案的设计结构可概括为：联系、沟通、中心营造。联系，即用一条弧形景观带（同时也是小区主要道路）将河流以及东、西两个地块联系起来，空间上一气呵成，形成小区空间的脊柱；沟通，是指开辟多条绿色廊道，将小区内部空间与北部山体景观相互沟通，将山体景观导入区内；中心营造，是指借鉴新城市主义经典案例海滨城（图 4.1.5-2a）的做法，在小区中部靠近山体的位置营造社区中心，并通过放射性绿廊强化中心感。反应联系、沟通、中心营造这三个意图的空间元素（道路、绿带）相互交织形成小区空间主导框架，将设计结构意图落实到空间中，同时自然分割出小区的居住组团。考虑到日照间距和山体渗透的需要，将点式中高层住宅布置在北部山脚一线，同时在两个地块的中心布置若干点式中高层，以突出空间的中心感（图 4.1.5-2b）。

3. 设计结构评析

基地由两个地块组成，周边又有优越的山水自然环境条件。这种情况下，运用沟通、联系的设计结构组织空间是较为常见的做法。利用脊柱式的主干将两个地块连接成为整体，利用廊道将周边自然景观与小区内部沟通，主干和廊道交织形成设计结构的组织体系。在此框架基础上进行组团布局，形成小区整体空间格局。

为了避免空间形态的平淡，本方案还借鉴新城市主义代表作海滨城的布局特点，营造了社区中心，并引入海滨城富有标志性的八字形放射道路格局，突出了小区的中心，同时也丰富了小区空间层次。

4. 方案生成

根据设计结构确定的整体空间框架，考虑住宅尺度和日照间距，调整东西向弧形中央景观带的位置，使得其南北两侧的地块适合住宅组团的布局，生成规划总平面图（图 4.1.5-3），完成各项专项分析图（图 4.1.5-4a — 图 4.1.5-4c）。

图 4.1.5-1 用地现状图

图 4.1.5-2a 典型案例海滨城

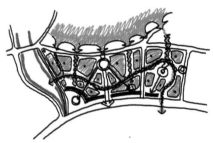

图 4.1.5-2b 设计结构概念草图

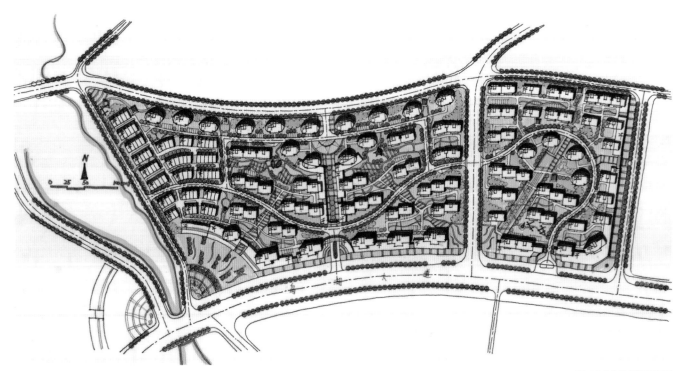

图 4.1.5-3 规划总平面图

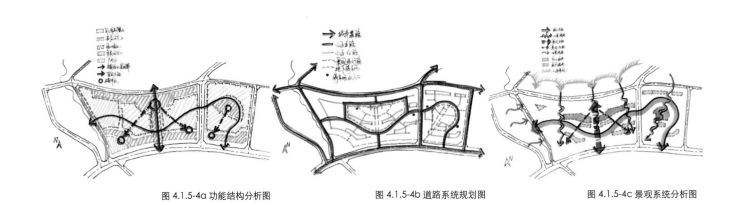

图 4.1.5-4a 功能结构分析图　　　图 4.1.5-4b 道路系统规划图　　　图 4.1.5-4c 景观系统分析图

5. 鸟瞰图

步骤一：为了突出设计结构特色，本鸟瞰图视角选取和一般效果图有所不同，没有选取常规的45°视角，而是将鸟瞰视点选在了基地的正东方向，这样做的目的是让体现设计结构的弧形景观带可以处在画面的中央位置，而且呈竖直状态，与人观赏画面的视线方向相一致，可以有上下贯通、一气呵成之感，使得设计结构特色非常鲜明地凸显出来。视点的高度选取也比较高，这样能更好地看到住宅组团的院落空间。根据总平面布局，完成鸟瞰图线条稿（图 4.1.5-5a）。

图 4.1.5-5a 整体空间鸟瞰图

步骤二：画面基底及环境涂色。用黄绿色表现地面草坪，用深绿色表现树木，用两种颜色混合表现山体和周边环境，将画面基底和环境涂满，将建筑凸显出来，确定整个画面基调，用浅灰色表现道路和建筑的暗面。注意道路涂色一定要少而精，不要满铺，要大量留白并注意笔触方向（图 4.1.5-5b）。

图 4.1.5-5b 整体空间鸟瞰图

步骤三：画面深化。为了突出中央弧形景观带和绿化廊道，将沿线的树木涂成较为鲜艳的橙黄色，与绿色的草坪和树木相区别。建筑屋顶和水面上色，并增加树木和山体环境的深色暗部（图 4.1.5-5c）。

图 4.1.5-5c 整体空间鸟瞰图

步骤四：继续深化提升。作为一般快题考试，达到上述步骤三的效果已经能满足要求，如果时间充裕或作为项目效果表现，则可进一步深化：用较深的灰色强化建筑暗部和画面基底，建筑屋顶和水面颜色加深，周边道路采用深蓝色加以强化，整体调整画面的对比度和层次（图 4.1.5-5d）。

图 4.1.5-5d 整体空间鸟瞰图

步骤五：点睛与亮点表现。增加画面细节与亮点。用具有覆盖功能的白色线条笔加画道路车道线、人行横道线等细节，增加建筑窗线，点画屋顶高光，增加环境硬质铺装色彩，整体完善画面层次和质感（图 4.1.5-5e）。

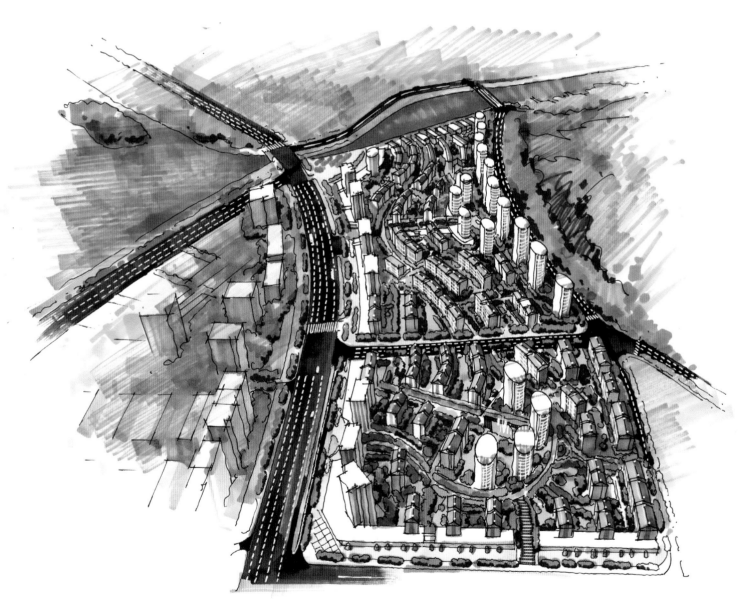

图 4.1.5-5e 整体空间鸟瞰图

案例6 台州市路桥区洋洪小区规划

1. 项目基本情况

　　基地分为南北两个地块，四周均为城市道路，南部地块东侧为已建成的幼儿园，可以为地块提供配套服务。基地为洋洪村安置小区，同时南部地块要求设置一处高标准室内菜场，不仅为本区服务，还要辐射周边社区，规模按照街道菜场级别设置（图4.1.6-1）。

2. 设计结构

■ 基于用地条件的空间活跃元素的植入

　　基地南部地块较为狭长，进深比较小，难以形成完整的居住组团，且地块四周临城市道路，交通十分便捷，因此将室内菜场设置在该地块。考虑到地块西侧有一条自然河道，景观条件较好，因此临河适合作为居住用地；东侧有建成的幼儿园，为了避免大量人流对幼儿园的干扰，菜场宜适当远离幼儿园，综上，故将菜场安排在南部地块的中央位置，同时在菜场外部南北两侧均设置较大面积的室外场地，作为人流集散和临时停车场地，这样既利用了城市道路带来的较为便利的交通条件，同时也减少了对周围相邻地块的干扰。

　　北部地块相对完整，可以建设具有一定特色的居住空间。为了打破居住空间的平淡形态，在设计中引入了空间活跃元素——椭圆形小区主路及沿路形成的景观带，椭圆形主路与用地形态的关系充分考虑了地形特征。整个地块基本呈方形，只是在地块东北角有一块突出变化，椭圆形主路呼应了这个变化，将椭圆的长轴与地块变化的斜向道路相垂直，这样就找到了这个空间活跃元素与基地的耦合关系，从而将这一元素锚固在地块中。在椭圆形主路中央设计小区核心景观，并由此生发、延伸出若干条绿化廊道，其中的西向、南向和东向廊道分别成为小区的主要人行入口和车行入口。考虑到西侧的道路是城市主干道，南侧及东侧为城市次干道，为了避免大量交通的干扰，因此将小区车行入口设置在南侧和东侧，并且利用绿化廊道将地块东南角的保留建筑区域划分出来，成为相对独立的区域，同时又是小区整体结构的有机组成部分（图4.1.6-2）。

3. 方案生成

　　根据设计结构确定总体空间骨架，划分地块和组团，根据住宅适宜尺度和日照间距布局完成总平面图（图4.1.6-3），并完成相关分析图（图4.1.6-4a — 图4.1.6-4c）。

图 4.1.6-1 用地现状图

图 4.1.6-2 设计结构概念草图

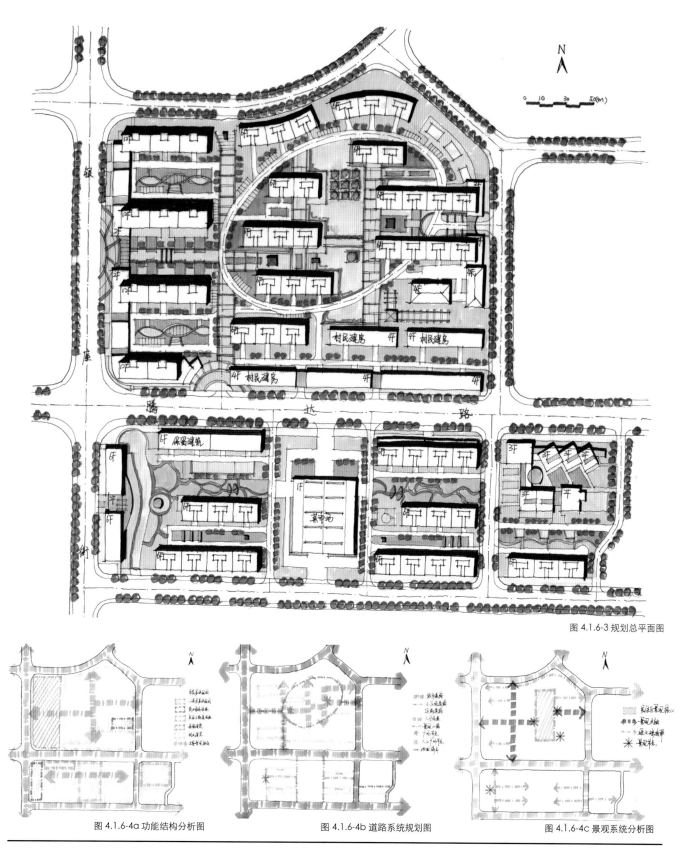

图 4.1.6-3 规划总平面图

图 4.1.6-4a 功能结构分析图　　　　图 4.1.6-4b 道路系统规划图　　　　图 4.1.6-4c 景观系统分析图

4. 鸟瞰图

步骤一：选取基地东南45°
角作为视点位置，这样既能保证
住宅正面处在亮面，而且也能使
得中高层住宅位于画面后部，不
会对其他住宅产生遮挡。根据总
平面布局，基本确定建筑位置和
体量关系，初步表达绿化环境(图
4.1.6-5a)。

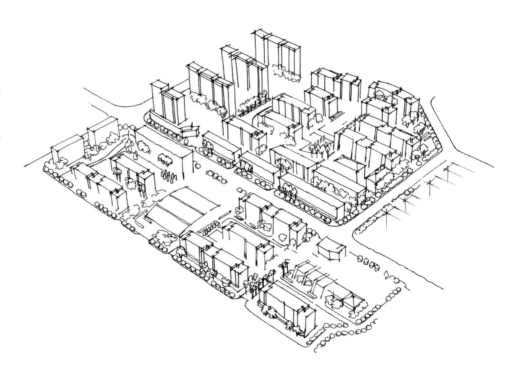

图 4.1.6-5a 整体空间鸟瞰图

步骤二：线稿完善。在步骤
一基础上进一步完善线稿，将环
境要素表达完整，对北部地块的
中央绿化进行适当突出，补充周
边道路和环境（图 4.1.6-5b）。

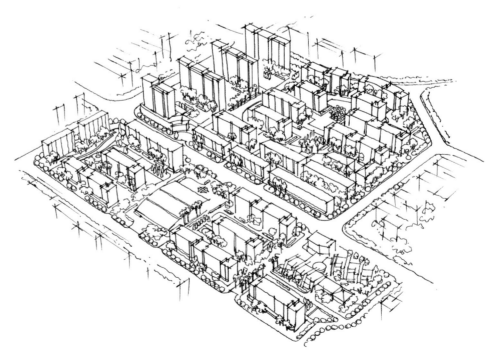

图 4.1.6-5b 整体空间鸟瞰图

步骤三：画面基底和环境上色。用明亮的黄绿色涂地面及草坪，用较深的橄榄绿给树木上色，突出对比效果。因为本方案用地不大，树木可适当细化表现，不宜整体统一处理。水面上色，中央水景注意留白。用浅色暖灰画出周边道路和建筑暗部（图4.1.6-5c）。

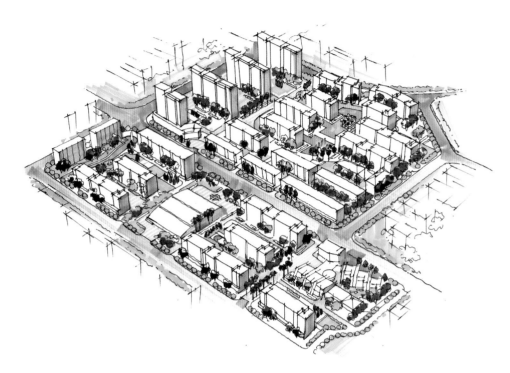

图 4.1.6-5c 整体空间鸟瞰图

步骤四：画面深化。画出建筑及树木的阴影，增加树木的深色暗部，增强建筑立面的玻璃效果，整体增强画面的对比度和层次，并用浅粉色点缀部分树木，增加画面亮点，中央水景细部刻画（图4.1.6-5d）。

图 4.1.6-5d 整体空间鸟瞰图

步骤五：画面进一步深化。作为一般快题考试，达到上述步骤四的效果已经能够满足要求。如需进一步深化，则可以用深灰色满铺画面基底，增加整体对比度和厚重感，增加建筑立面线条，表现窗户和屋顶细部，建筑暗部适当加深，用深蓝灰色突出周边城市道路（图4.1.6-5e）。

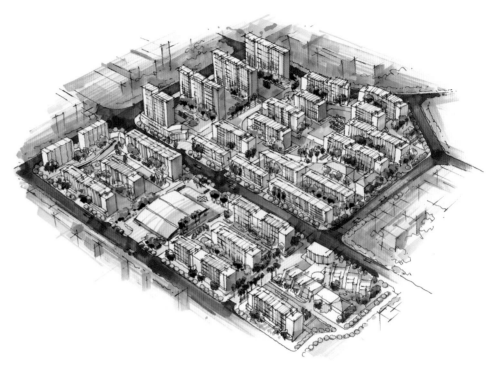

图 4.1.6-5e 整体空间鸟瞰图

步骤六：点睛和提升。增加环境细部刻画，用明亮的暖色表现环境铺装，进一步区分不同位置的草坪，强化中心景观，画出中央水池的阴影。增加建筑立面线条和窗户细节，加画道路车道线和人行横道线，整体调整画面层次和对比度（图4.1.6-5f）。

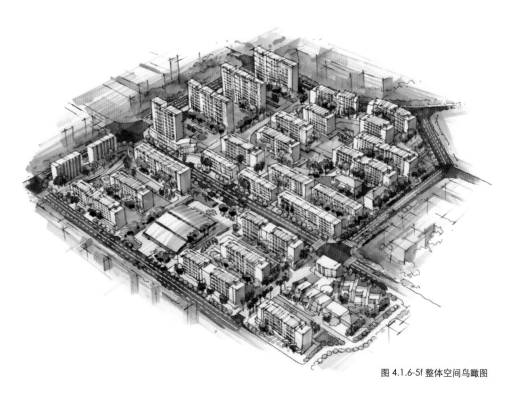

图 4.1.6-5f 整体空间鸟瞰图

5. 建筑单体表现

　　本方案中，室内菜场建筑是地块非常重要的功能之一，不仅为地块本身服务，还要辐射周边地区，同时需要体现较高的档次和现代感。故对菜场建筑需做专门表达，以对建筑风格做出引导，并回应项目建设方的关切。图4.1.6-6a — 图4.1.6-6e 表现了菜场建筑单体的绘制过程。

图 4.1.6-6a 建筑单体表现

图 4.1.6-6c 建筑单体表现

图 4.1.6-6b 建筑单体表现

图 4.1.6-6d 建筑单体表现

图 4.1.6-6e 建筑单体表现

案例 7 上海松辰小区规划

1. 项目基本情况

项目基地位于上海市松江区，北临城市干道，西侧有自然景观河流，用地呈狭长形态，地块内地势平坦，交通便捷，用地条件较为优越（图 4.1.7-1）。

2. 设计结构

■ "四菜一汤" + 绿带延伸

根据基地较为狭长的形态，将其分为主次两个部分，西侧部分用地基本为方形，采用了居住区规划中经典的"四菜一汤"模式（四分之三圆形主路围合形成小区中心，周边均等布置四个居住组团），在此基础上，考虑到西侧自然河流具有较好的景观优势，开辟一条东西向的景观绿带，将河流景观导入小区，景观绿带与西部组团中心周边绿带相结合并向东延伸，沿绿带布置居住组团，并设置若干南北向的绿化次轴，将居住组团进行分隔。考虑小区规模和周边道路情况，小区设立三个出入口，分别位于基地南、北和东侧（图 4.1.7-2）。

3. 方案生成

根据设计结构，考虑住宅建筑尺度和日照间距要求，微调中央绿带的位置和宽度，使得分隔出来的用地能满足住宅建筑布局的需求，完成总平面布局（图 4.1.7-3），并完成相关分析图（图 4.1.7-4a — 图 4.1.7-4c）。

图 4.1.7-1 用地现状图

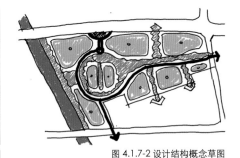

图 4.1.7-2 设计结构概念草图

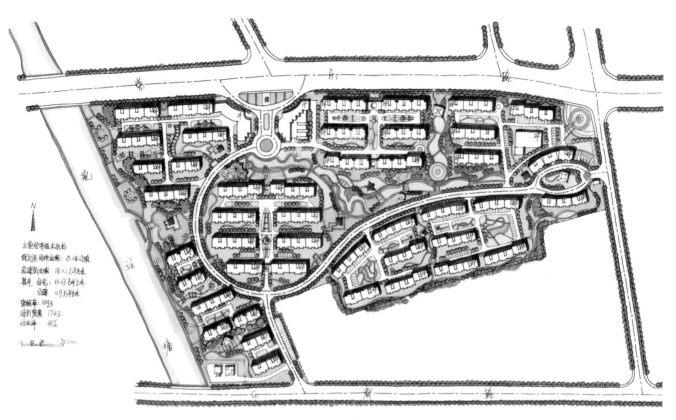

主要经济技术指标
规划用地面积：15.04公顷
总建筑面积：14.03万平方米
其中：住宅：13.13万平方米
公建：0.9万平方米
容积率：0.93
绿地率：17.4%
建筑密度：45%

图 4.1.7-3 规划总平面图

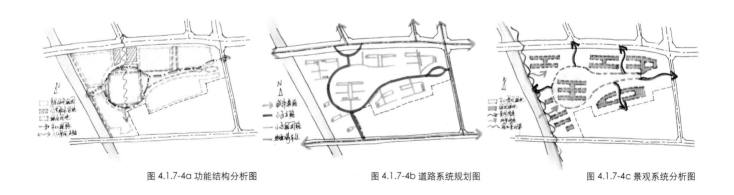

图 4.1.7-4a 功能结构分析图　　　　　　　图 4.1.7-4b 道路系统规划图　　　　　　　图 4.1.7-4c 景观系统分析图

4. 鸟瞰图

步骤一：选取基地西南方向作为鸟瞰视点位置，这样河流可以作为前景，突出小区环境特色，同时也可以使小区核心景观位于画面的中前部，自然成为视觉焦点。视点高度适当提高，以便清晰表达组团绿带和院落空间。考虑到地块形状较为狭长，因此可适当调整视角，以使得地块的透视较为方正，根据总平面布局确定主要景观带和建筑的位置，初步完成线稿（图 4.1.7-5a）。

图 4.1.7-5a 整体空间鸟瞰图

步骤二：线稿深化。将建筑体块和环境要素采用白描的方式基本完成（图 4.1.7-5b）。

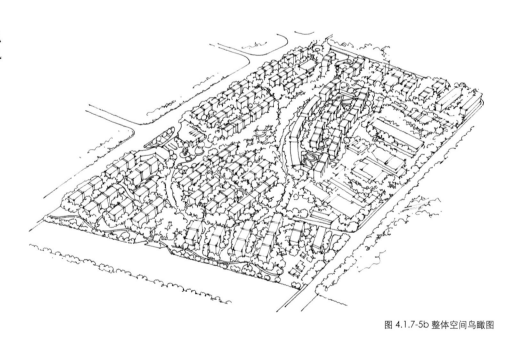

图 4.1.7-5b 整体空间鸟瞰图

步骤三：线稿深化完成。用不规则的团线表现树木和环境的暗部，用直线条表现建筑的暗部，注意整体画面的黑白比例关系，完成线稿。钢笔线条＋马克笔手绘表现，线条是基础，应足够丰富，颜色只是辅助，应以线条为主，即使不上颜色也应能反映鸟瞰图的绝大部分信息（图 4.1.7-5c）。

图 4.1.7-5c 整体空间鸟瞰图

步骤四：画面基底和环境上色，确定画面基调。用黄绿色涂地面和草坪，用深绿色涂树木和环境，浅蓝色涂河面，用浅灰色涂道路。这四部分的面积通常可以占到整个画面的 80% 以上，因此基底和环境的色调就决定了整体画面的基调（图 4.1.7-5d）。

图 4.1.7-5d 整体空间鸟瞰图

步骤五：调整和深化。增加建筑的阴影，加强树木、环境的暗部，加强整个画面的对比度和厚重感。用较为跳跃的红色突出入口景观轴线，用暖色调表现小区主路和铺装，突出设计结构的特色（图4.1.7-5e）。

图 4.1.7-5e 整体空间鸟瞰图

步骤六：点睛和提升。作为快题考试，达到上面步骤五的程度已经能够满足要求，如果作为表现成果，可以进一步对画面进行提升。可以进一步增加树木、环境暗部的层次；增加住宅建筑的坡屋顶，并区分屋顶的亮面和暗面；增加前景水面的变化和层次，整体协调画面的对比度和景深（图4.1.7-5f）。

图 4.1.7-5f 整体空间鸟瞰图

案例 8 龙游阳光新城小区规划

1. 项目基本情况

项目基地位于龙游县城老城区东北角，北临衢江、东临灵山江，两江交界，景观条件十分优越；基地四面均为城市道路，交通也十分便捷。基地北部有一片村民住宅需要保留（图 4.1.8-1）。

2. 设计结构

■ 十字绿化轴线 + "四菜一汤"

在上位规划中，提出要打通城市与两江交汇口的联系，因此在本项目设计中，最初确定的就是一条从西南到东北方向的绿带，将基地与两江口建立景观和视线联系。以此为主轴，在小区中部设立与之垂直的绿化次轴，对主轴地位进行强化，两者交汇处形成小区景观核心。同时，沿用经典的"四菜一汤"结构模式，使绿化主轴位于四分之三圆形主路开口的中央，同时该主路又是绿化次轴的依托，共同构成小区空间结构的骨架（图 4.1.8-2）。

3. 方案生成

根据设计结构骨架分隔出的地块，分别布局住宅组团和公共服务设施，南侧沿城市主干道设置公共设施，北部保留住宅自然分布在圆弧形小区主路外侧。由此布局总平面图（图 4.1.8-3），并完成相关分析图（图 4.1.8-4a — 图 4.1.8-4c）。

图 4.1.8-1 用地现状图

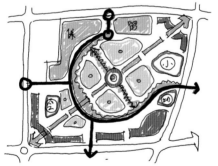

图 4.1.8-2 设计结构概念草图

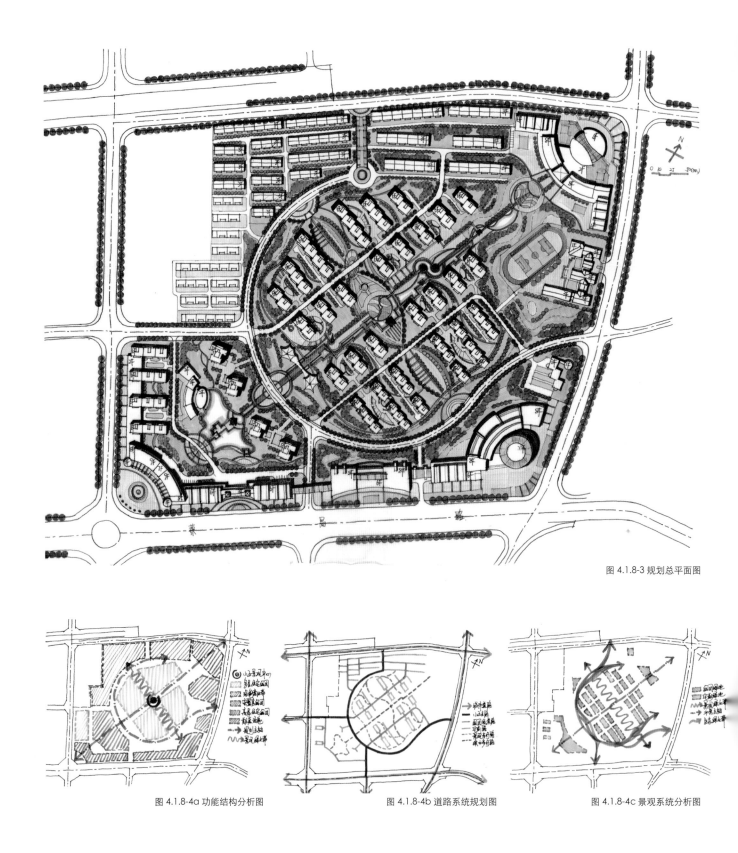

图 4.1.8-3 规划总平面图

图 4.1.8-4a 功能结构分析图　　　　图 4.1.8-4b 道路系统规划图　　　　图 4.1.8-4c 景观系统分析图

4. 鸟瞰图

步骤一：完成线稿。选取基地西南方向为鸟瞰视角，这样可以使得景观主轴在画面上呈45°角，引导观赏者视线，自然突出两江交汇口的景观特色。根据总平面布局，用白描的形式完成线稿，因为本方案的特点是建筑布局较为规整、轴线关系明确，因此线条不宜过于繁琐（图4.1.8-5a）。

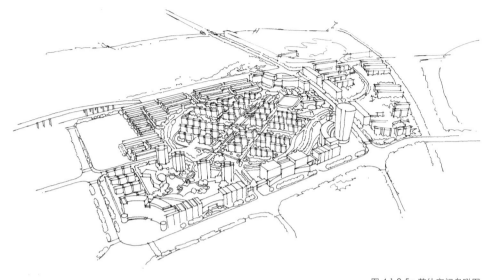

图 4.1.8-5a 整体空间鸟瞰图

步骤二：基底和环境上色，确定画面基调。分别用黄绿色、深绿色、浅蓝色和浅灰色涂地面、树木、水面、道路及建筑暗部，周边环境和远处的水面注意退晕变化，表现空间层次和景深（图4.1.8-5b）。

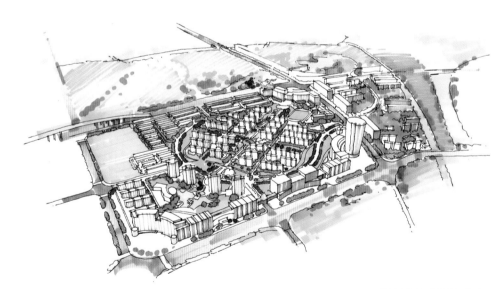

图 4.1.8-5b 整体空间鸟瞰图

步骤三：深化和完善。增加树木和周边环境的暗部，加强画面明暗对比，增加建筑屋顶和立面细部，建筑屋顶上色，用明亮的色彩点画环境小品，协调画面整体黑白灰关系和层次（图4.1.8-5c）。作为一般快题考试，完成本步骤已经可以满足要求。

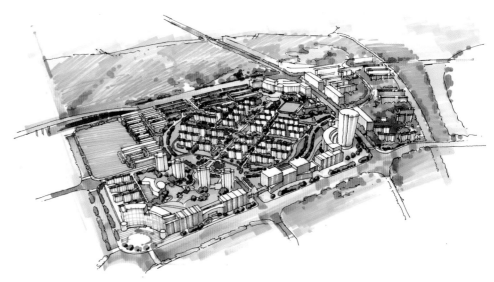

图 4.1.8-5c 整体空间鸟瞰图

步骤四：点睛和提升。用深灰色加强地面和环境暗部，提升画面整体的厚重感，建筑立面增加深色线条（图4.1.8-5d）。在此基础上用具有覆盖功能的白色线条进一步丰富建筑立面，用深蓝色涂城市道路，并加画车道线和人行横道线，进一步调整画面明暗关系并增加周边环境的色彩层次（图4.1.8-5e）。

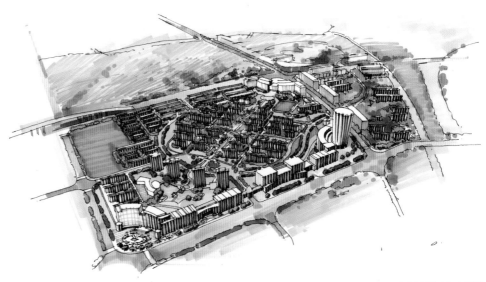

图 4.1.8-5d 整体空间鸟瞰图

步骤五：调整和深化。增加建筑的阴影，加强树木、环境的暗部，加强整个画面的对比度和厚重感。用较为跳跃的红色突出入口景观轴线，用暖色调表现小区主路和铺装，突出设计结构的特色（图4.1.7-5e）。

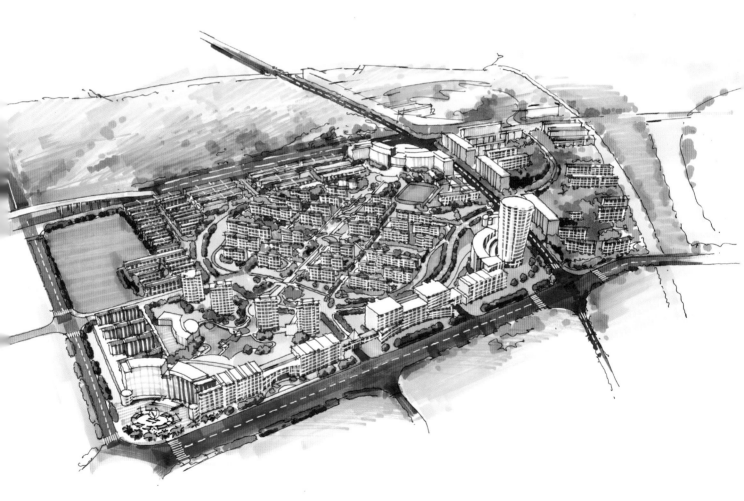

图 4.1.8-5e 整体空间鸟瞰图

第二节 别墅区规划

案例 1 温岭溪园山庄规划

1. 项目基本情况

基地位于温岭市城区南部，用地面积约 9 公顷。紧邻泽坎公路，背靠山体，基地西北侧有一条自然溪水流过，交通和自然景观条件十分优越，是建设高档别墅社区的理想用地（图 4.2.1-1）。

2. 设计结构

■ 引水造岛，组团发展，人工与自然有机结合。

基地西北侧的自然溪流是本地块最大的特色和亮点，因此将溪水引入地块，增加景观层次和临水别墅户数，提升地块价值，是本方案最初的设想。而引水的方式很有讲究。根据基地条件，分别设立了两条垂直城市道路的景观轴线，同时也是小区的两个出入口；另一方面，小区主路采用了反 S 形，与上述两条轴线构成基本道路骨架，引水的线路也以此为依托。为了形成活水，引入的水系又与自然溪水相连通，这样就自然划出一个小岛，创造了新的景观，同时也营造了一种岛上人家的生活氛围。考虑到基地南部临城市道路，北部靠自然山体，因此空间格局上也采取了从道路向上呈现由人工向自然转化的趋势，力求人工环境与自然环境有机融合。同时，用绿带将水面景观导入地块内部，自然分隔出别墅组团，并赋予每个组团不同的主题内容和景观特色（图 4.2.1-2）。

3. 方案生成

按照上述设计结构的要求，布局生成规划总平面（图 4.2.1-3），并完成相关分析图（图 4.2.1-4a — 图 4.2.1-4c）。

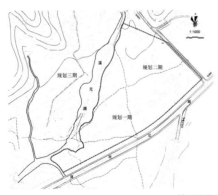

图 4.2.1-1 用地现状图

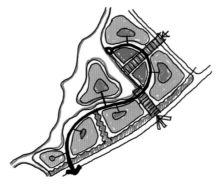

图 4.2.1-2 设计结构概念草图

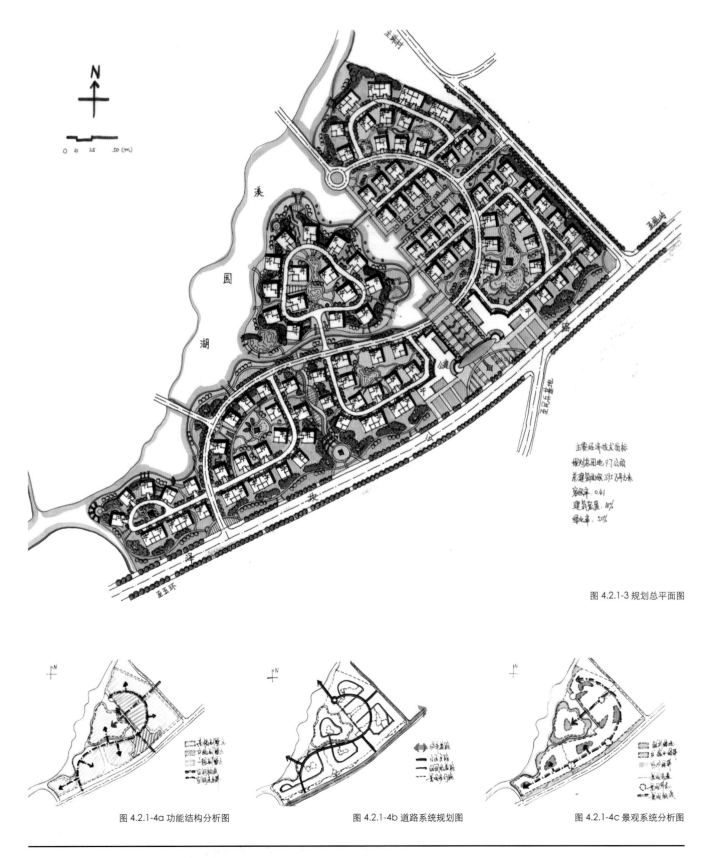

图 4.2.1-3 规划总平面图

图 4.2.1-4a 功能结构分析图　　　　图 4.2.1-4b 道路系统规划图　　　　图 4.2.1-4c 景观系统分析图

4. 鸟瞰图

步骤一：确定视角，勾勒空间形态轮廓。选取基地西南方向为鸟瞰视角，这样小岛可以成为画面中心，反S道路也能完整呈现，两条景观轴线的关系也能交待清楚，画面比较均衡。视点适当加高，以便清晰表达基地内部环境。根据总平面布局初步确定建筑位置，大致勾勒整体形态轮廓（图4.2.1-5a）。

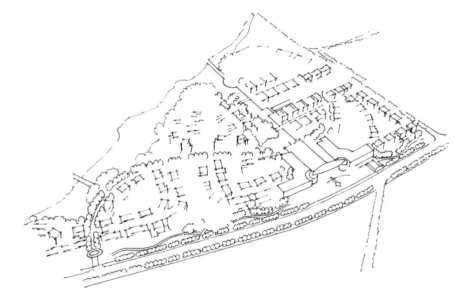

图 4.2.1-5a 整体空间鸟瞰图

步骤二：线稿深化、完成。在步骤一基础上，用白描的手法，明确建筑体块和环境（图4.2.1-5b）。用线条表现树木和周边环境的暗部，进一步丰富环境细节（铺装、游路等），完成线稿（图4.2.1-5c）。

图 4.2.1-5b 整体空间鸟瞰图

图 4.2.1-5c 整体空间鸟瞰图

步骤三：画面基底上色，确定基调。用绿色将地面和环境涂满，注意外围线条的退晕（图4.2.1-5d）。

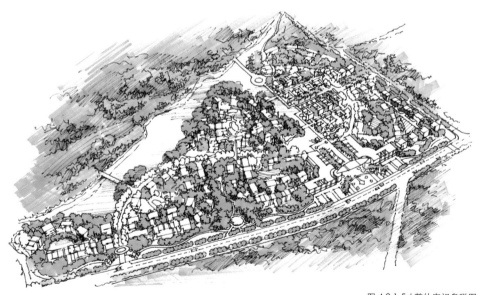

图 4.2.1-5d 整体空间鸟瞰图

步骤四：深化和完善。增加树木和环境的暗部，加强画面整体明暗对比；水面上色，注意深浅变化和留白；沿反 S 形道路树木颜色变化，突出空间结构特色，画面基本完成（图 4.2.1-5e）。

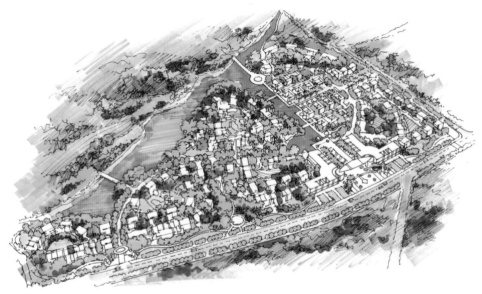

图 4.2.1-5e 整体空间鸟瞰图

步骤五：点睛和提升。进一步加大整体画面明暗对比，加画建筑阴影和细部，丰富铺装和环境细节，水面高光表现，进一步丰富反 S 路沿线的树木色彩，整体协调画面的层次感和细腻感（图 4.2.1-5f）。

图 4.2.1-5f 整体空间鸟瞰图

5. 局部鸟瞰图

为了突出表达设计意图，除了整体鸟瞰图外，有时也需要画重要空间节点的局部鸟瞰图。画法和步骤与整体鸟瞰图类似，只是建筑、环境的细节交待得要更丰富、到位（图 4.2.1-6a — 图 4.2.1-6e）！需要说明的是，如果是一般的快题考试，也只需画到图 4.2.1-6c 的程度就可以满足要求了。

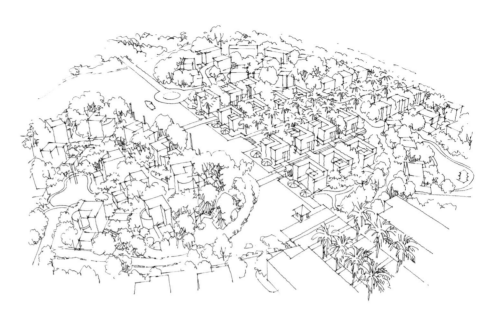

图 4.2.1-6a 局部空间鸟瞰图

图 4.2.1-6b 局部空间鸟瞰图

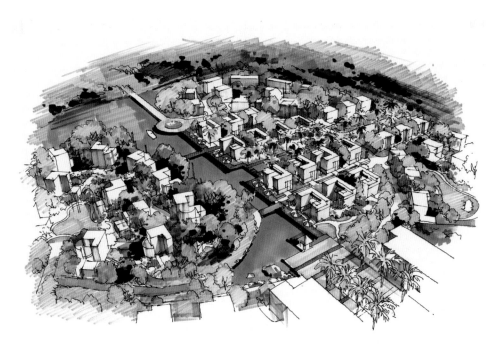

图 4.2.1-6c 局部空间鸟瞰图

图 4.2.1-6d 局部空间鸟瞰图

图 4.2.1-6e 局部空间鸟瞰图

6. 建筑单体透视图

规划设计快题考试中，有时也会要求对重要的建筑单体进行表现。因为建筑单体表现有专门的参考书籍，也不是本书介绍的重点，因此在这里就不展开详述了，这里提供一个范图供大家参考。图 4.2.1-7a —— 图 4.2.1-7e 是溪园山庄别墅区里一种别墅户型的建筑单体效果图绘画过程。

图 4.2.1-7a 建筑单体透视图

图 4.2.1-7b 建筑单体透视图

图 4.2.1-7c 建筑单体透视图

图 4.2.1-7d 建筑单体透视图

图 4.2.1-7e 建筑单体透视图

案例 2 同里湖花苑别墅区规划

1. 项目基本情况

　　项目基地位于江南古镇同里镇区边缘，用地面积约 5.86 公顷。基地三面临城市道路，南北两侧临水，基地内部也有多条水系，形成自然的水网，具有典型的江南水乡特征，交通条件和景观条件十分优越（图 4.2.2-1）。

2. 设计结构

　　■ "卅" 字形景观体系，江南水乡特色的水网布局结合组团院落。

　　考虑到项目所处的江南水乡的地域背景特征，同时充分考虑基地本身的环境特色和资源条件，设计结构力求对上述两个方面做出应对。从大的方面说，要体现江南水乡特色和建筑风格，充分展示"水网、水上人家"的特色，并营造典型江南院落空间和传统江南园林景观，因此，将基地内水系充分利用，分隔别墅组团，并注重院落空间营造；从基地层面上看，将南北河道与基地内部建立沟通和联系，形成小区中央景观网络体系，与院落空间共同构成多层次小区景观。因此，设计结构可以概括为："卅"字形景观体系，江南水乡特色的水网布局结合组团院落（图 4.2.2-2）。

3. 方案生成

　　根据设计结构，结合环形主路和小区出入口，形成若干别墅组团，考虑别墅建筑尺度（200～400 平方米／栋），布局总平面。在基地东北角预留广场，结合沿东部道路的公共服务设施，形成对城市的界面，并对小区内部空间形成阻隔，减少城市交通对内部空间的干扰，以此完成规划总平面图（图 4.2.2-3）和各项分析图（图 4.2.2-4a — 图 4.2.2-4c）。

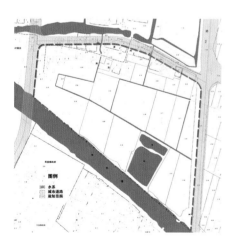

图 4.2.2-1 用地现状图

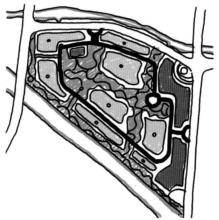

图 4.2.2-2 设计结构概念草图

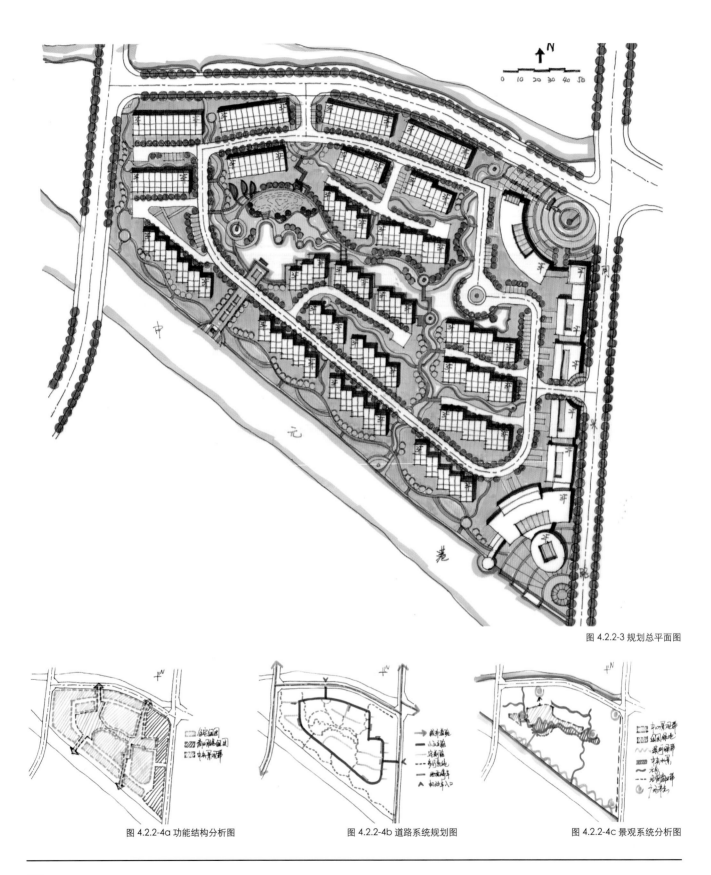

图 4.2.2-3 规划总平面图

图 4.2.2-4a 功能结构分析图　　　图 4.2.2-4b 道路系统规划图　　　图 4.2.2-4c 景观系统分析图

4. 鸟瞰图

步骤一：选取基地东北方向为鸟瞰视角，视点位置高度适中，能充分反映基地内部环境特色（特别是水系走向），并能均衡地布局基地内两个景观中心，且清晰地展示景观中心通过景观廊道与南部河流的联系。根据总平面布局，初步确定建筑的位置和体量（图 4.2.2-5a）。

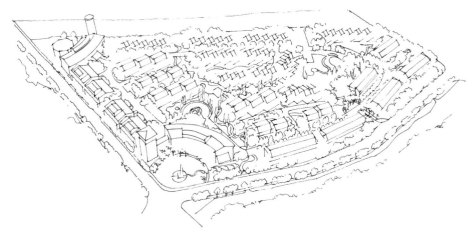

图 4.2.2-5a 整体空间鸟瞰图

步骤二：线稿完善。进一步完善和丰富建筑体块，坡屋顶特色和环境细部刻画，近景的建筑和广场增加细节，完成线稿（图 4.2.2-5b）。

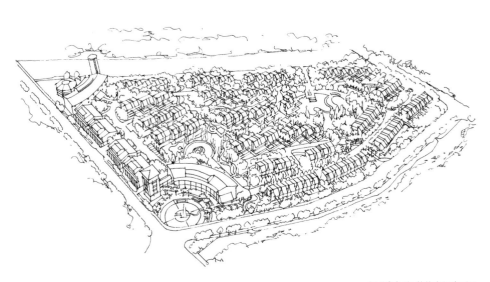

图 4.2.2-5b 整体空间鸟瞰图

步骤三：画面基底上色，确定整体基调。仍然是使用四、五种基本颜色铺满画面的基底和环境，采用黄绿色涂地面和草坪，深橄榄绿色涂树木和背景，蓝色涂水面，特别注意小区内部水系的表现，浅暖色涂硬地和小区道路。主要城市道路和建筑留白，这样，建筑与环境得到区分，画面的基调得以确定（图4.2.2-5c）。

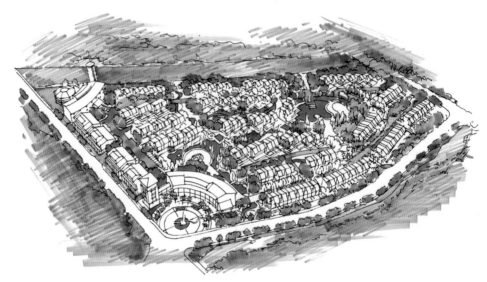

图 4.2.2-5c 整体空间鸟瞰图

步骤四：画面深化和完善。用浅暖灰色涂道路、建筑暗部和屋顶，道路路面注意深浅变化和留白；增加树木和环境的暗部，用不同色彩点缀小区内部环境中的部分树木，增加画面的对比度和层次感（图4.2.2-5d）。

图 4.2.2-5d 整体空间鸟瞰图

步骤五：进一步深化和完善。用深灰色区分建筑体块和屋顶的明暗面；进一步丰富树木和环境的层次，用鲜艳的暖色突出硬质场地和铺装，增加水面层次和高光，整体协调画面颜色和对比度（图4.2.2-5e）。

图4.2.2-5e 整体空间鸟瞰图

步骤六：点睛和提升。为了提升画面的厚重感和细腻感，并进一步拉开整体对比度，可以用深灰色进一步加深地面和环境背景，加强建筑明暗对比，增加部分重要建筑及河岸的阴影，用鲜艳的暖色点画景观廊道中的部分树木，起到提示和点睛的作用（图4.2.2-5f）。需要说明的是，作为一般快题考试并不需要达到如此精细的深度，而且深灰色覆盖画面对手头功夫及画面掌控都有较高的要求，如果是一般快题，达到步骤五甚至步骤四的程度就可以满足要求了。

图4.2.2-5f 整体空间鸟瞰图

第五章
城市规划快题设计分类指导（二）：
城市重点地段规划

第一节 行政中心规划

案例 1 平凉市行政金融核心区城市设计

1. 项目基本情况

平凉市行政金融核心区位于甘肃省平凉市中心城区中部，基地北临泾河及北山公园，在南北轴线上可远眺南山公园，功能上集行政办公、金融商务、城市形象和市民广场四大职能，是平凉市城市的核心标志性区域。区内各地块建设项目已经明确，但都是每个地块单独出让，并未很好考虑建筑单体与广场整体空间的关系；中部的广场公园已经开工建设，但行政中心大楼方案尚未确定。因此本次城市设计不是全新设计，而是要通过设计，整合区内各建筑，形成和谐的空间形态，对中心公园广场形成积极的界面围合，形成本区特有的高效、和谐的行政金融核心区空间氛围（图 5.1.1-1）。

2. 设计结构

■ 基于空间轴线的整合、协调和提升。

由于上位规划已经将区内主要路网基本确定，各地块建筑单体也已经落实项目和位置，因此，本次规划的主要目标就落实在整合、协调和提升上。整合有两个层面：一是在城市整体结构层面，将行政金融核心区纳入城市整体结构，通过延伸南北轴线，建立本区与南山、北山及泾河的联系，也使得本区具有行政中心较为庄重的氛围；二是基地内部的整合，为了实现各单体建筑的整体和谐，首先在地块划分上，结合地块边界，开辟地块内部道路，用道路而不是地块分界线明确地块的肌理和尺度关系，明确各建筑单体高层塔楼的位置，对建筑高度进行整体协调，按照内低外高的原则进行布置：即靠近中心广场一般为低层或多层，高层塔楼多设置在外围，从而形成对中心广场两个层次的围合，并在每个地块内营造院落空间。同时，明确裙房的贴线要求，以便形成连续的空间界面，实现对广场空间的有效围合，通过广场空间把周边建筑有效地组织起来，并通过视廊将各地块与广场建立联系。在此基础上，对建筑的材料、色彩、风格提出引导建议，整体协调，形成本区鲜明完整的空间形象。同时，为了凸显地域特征，将行政中心大楼的平面设计呈"平"字造型，寓意"平凉"，使得本区获得独特的标志性和地域性（图 5.1.1-2）。

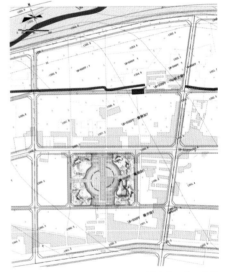

图 5.1.1-1 用地现状图

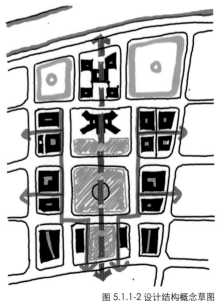

图 5.1.1-2 设计结构概念草图

3. 方案生成

根据设计结构，进一步划分地块，安排各地块建筑，明确院落位置和界面连续要求，把已经落实的项目加以安排和整合，并根据南北轴线的位置，安排行政大楼，协调与周边建筑及广场的关系，完成总平面图（图 5.1.1-3）和各项分析图（图 5.1.1-4a—图 5.1.1-4c）。

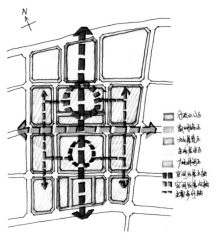

图 5.1.1-4a 功能结构分析图

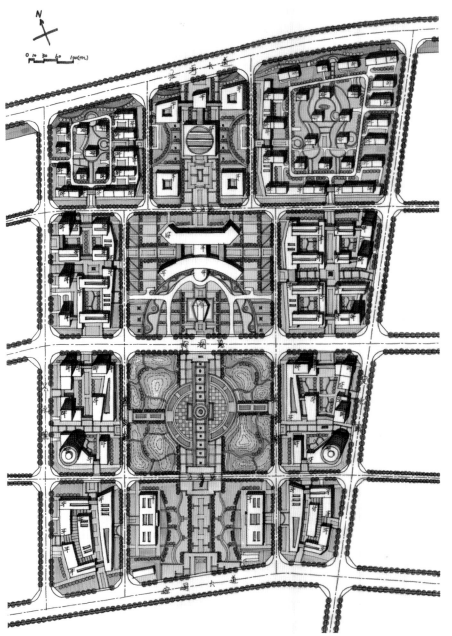

图 5.1.1-3 规划总平面图

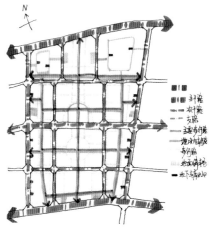

图 5.1.1-4b 道路系统规划图

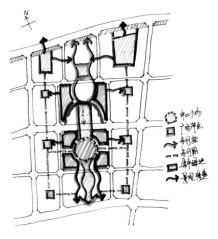

图 5.1.1-4c 景观系统分析图

4. 鸟瞰图

步骤一：选取基地东南方向作为鸟瞰视角，视点高度略高，以便表现院落空间和环境。根据总平面布局，确定建筑的体块和位置，用简练的线条表达广场和绿化环境，基地周边的建筑和环境可适当简化（图 5.1.1-5a）。

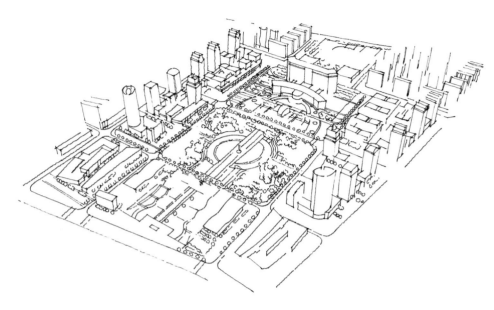

图 5.1.1-5a 整体空间鸟瞰图

步骤二：画面基底和环境上色，确定基调。用四种基本色彩铺满画面基底与环境，确定画面色彩基调和大的黑白灰关系：用黄绿色涂地面和草坪；深绿色涂树木；浅灰色涂道路和建筑暗面；浅土黄色涂硬地和建筑的亮面（图 5.1.1-5b）。

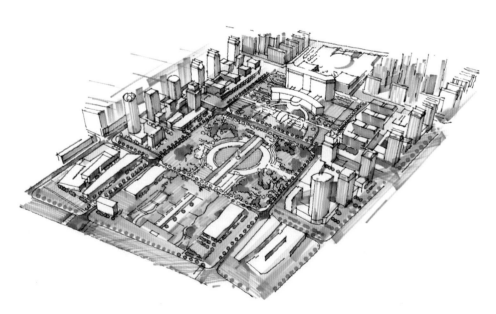

图 5.1.1-5b 整体空间鸟瞰图

步骤三：画面深化。用蓝灰色进一步强化地面和周边建筑，增加画面整体对比度和层次，增加树木、河流的暗部和细节，增加建筑的阴影（图 5.1.1-5c）。

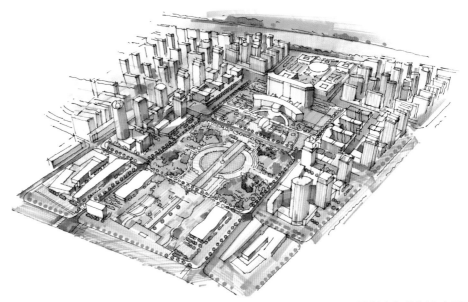

图 5.1.1-5c 整体空间鸟瞰图

步骤四：画面完善。用较深的灰色进一步强化地面和建筑暗部，加大对比度和细腻感，刻画建筑院落空间的细部，用更深的绿色增加树木和环境的暗部层次，并用明亮的色彩点缀植物和花带，增加画面亮点，整体协调画面暗部的面积和位置（图 5.1.1-5d）。

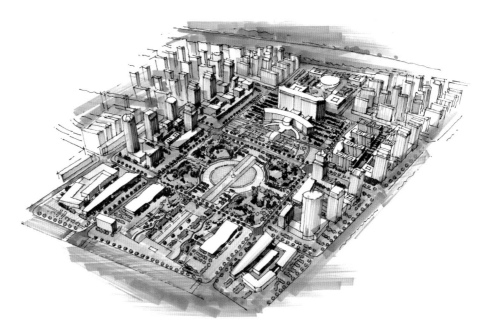

图 5.1.1-5d 整体空间鸟瞰图

步骤五：点睛和提升。如果还要对画面进行提升，可以进一步提高画面的对比层次和细部刻画。用深蓝灰色进一步强化建筑，特别是高层塔楼的阴影，注意阴影投射方向，一般为斜向45°角，并尽量减少对相邻建筑的影响；增加树木和环境暗部的层次和细节，建筑立面细部刻画：用深蓝灰色打底，用具有覆盖功能的白色线条表现窗框和立面细节。增加地面铺装的变化，加画喷泉、建筑高光等细部，使画面信息更加丰富、细腻。通过整体对比度强化，使得画面更有视觉冲击力（图5.1.1-5e）。

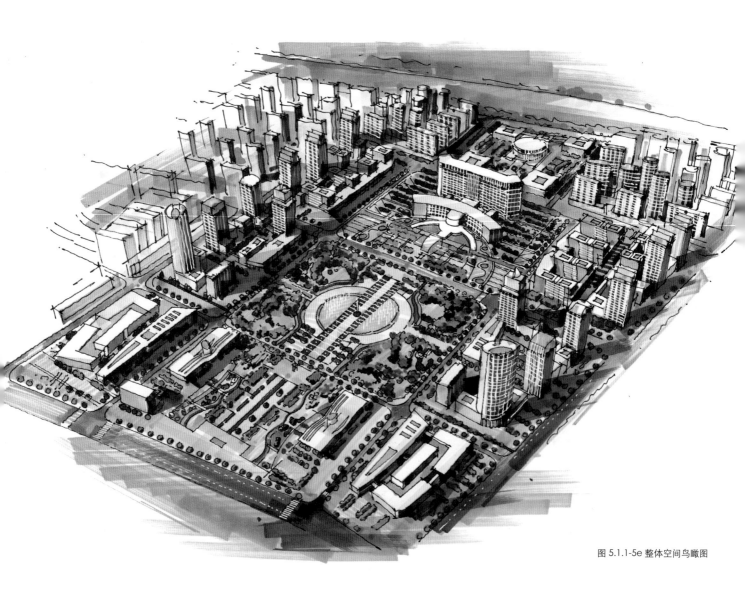

图 5.1.1-5e 整体空间鸟瞰图

5. 局部透视表现

作为将基地与城市整体结构和周边山水环境相联系的南北空间轴线，是设计结构的重要元素，而且，中轴对称也是行政中心的经典空间模式。为了更好地表达设计结构，突出行政中心大楼的形象，还可以进行行政轴线局部透视的表现。具体步骤如下。

步骤一：采用单点透视法，将灭点选在行政大楼中部，这样可以产生放射效应，将视线聚焦在行政大楼上，同时也可以强化中轴线的延伸感。用简练的线条勾勒出大楼的形态、树列和广场铺装，注意铺装的透视变化，用人物加以点缀（图 5.1.1-6a）。

图 5.1.1-6a 局部透视表现图

步骤二：线稿丰富和完善。增加建筑和环境的细节，细化铺装网格，用线条区分建筑、环境的明暗面，完成线稿（图 5.1.1-6b）。

图 5.1.1-6b 局部透视表现图

步骤三：树木、环境、铺装
和背景天空上色，确定画面基调。
树木和灌木用黄绿和深绿两种绿
色作为基本色调，主要利用线稿
本底来区分明暗，用艳丽的暖色
调表现中轴线上的树列，使之
与周边相区别，突出中轴线的位
置（图 5.1.1-6c）。

图 5.1.1-6c 局部透视表现图

步骤四：点睛和提升。用暖
灰色强化地面和环境，增加画面
整体的对比度；用更深的绿色强
化树木和灌木的暗部，增加环境
的层次。表现广场铺装的细节和
地面材质划分，增加地面和建筑
高光以及建筑立面光影变化（图
5.1.1-6d）。

图 5.1.1-6d 局部透视表现图

6. 建筑小品表现

行政大楼前部的玻璃体建筑是本设计中的一个亮点，是行政大楼与中心广场的过渡，同时也是地下商业广场的入口。图5.1.1-7a — 图5.1.1-7b 是这个玻璃体建筑小品的表现过程。

图 5.1.1-7a 建筑小品表现图

图 5.1.1-7b 建筑小品表现图

案例2 安徽省明光市行政服务区城市设计

1. 项目基本情况

明光市行政服务区位于安徽省明光市城东新区，承接老城区，以行政、文化、商业为主，兼具部分居住职能，是未来城市的核心区域，规划面积约88.6公顷（图5.1.2-1）。

2. 设计结构

■椭圆形态的中央广场结合中轴线的日月同辉主题演绎

本方案旨在创造具有鲜明地域特色和唯一性的空间形态，与行政、服务等职能巧妙契合。上位规划确定了方格网道路格局，因此有必要引入空间活跃元素打破方格网带来的规整和单调感。因此，在方案初期引入椭圆形态，与方格路网形成对比，并将基地中部三大区块整合在一起。在此基础上，将明光的"明"字加以演绎，提出日、月同辉的设计理念，并将这一理念落实到空间中，具体做法是在中轴线西侧，设置圆形水池，与椭圆形态相切，体现"日"字主题；在中轴线东侧，利用中轴边界对椭圆形态的切割，自然形成月牙形态，表现"月"字主题，日加月合在一起正是"明"，体现日月同辉的主题，也契合了明光的地域特色，具有唯一性。为了进一步强化这个主题，在日字水池上布置球形会议中心建筑，在月字水池上设置图书馆（图5.1.2-2）。

3. 方案生成

根据设计结构生成基本空间骨架，为了突出中心感，椭圆形广场以外的地块尽量规整，仍采用方格网方式划分地块，并根据地块功能和建筑尺度布局总平面图（图5.1.2-3），完成相关分析图（图5.1.2-4a — 图5.1.2-4c）。

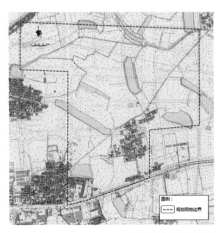

图 5.1.2-1 用地现状图

图 5.1.2-2 设计结构概念草图

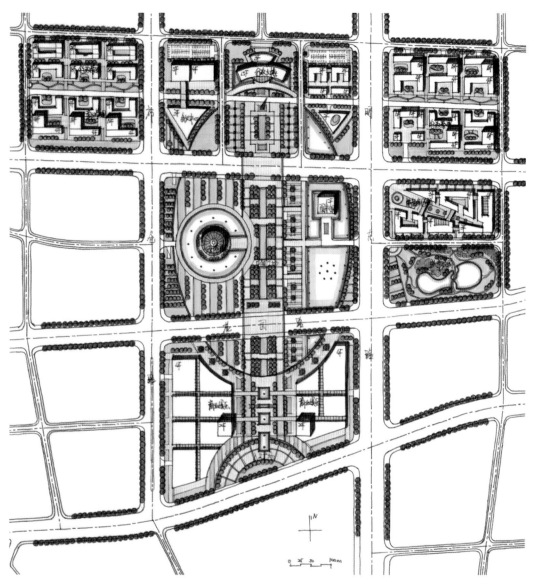

图 5.1.2-3 规划总平面图

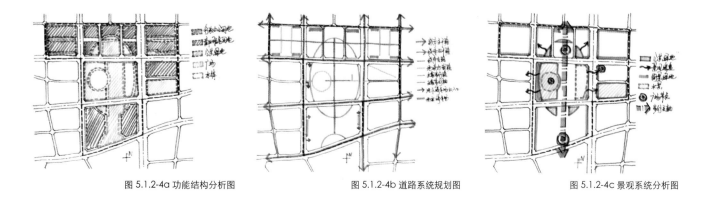

图 5.1.2-4a 功能结构分析图　　　　　　图 5.1.2-4b 道路系统规划图　　　　　　图 5.1.2-4c 景观系统分析图

4. 鸟瞰图

步骤一：选取基地西南方向为鸟瞰视角，视点高度较高，这样可以完整表现椭圆中心广场，同时也保证日、月水池组成的"明"字是正方向，且能够完整呈现。根据总平面布局，确定椭圆广场和中轴线位置，基本明确建筑的体块和位置（图 5.1.2-5a）。

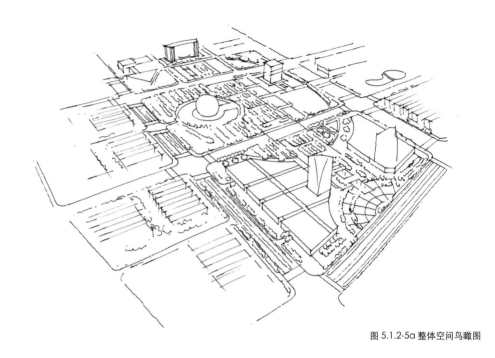

图 5.1.2-5a 整体空间鸟瞰图

步骤二：完善线稿。进一步完善线稿，丰富建筑和周边环境，增加中央广场和中轴线的环境细节，完成线稿（图 5.1.2-5b）。

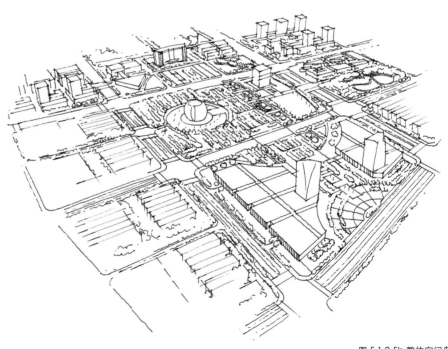

图 5.1.2-5b 整体空间鸟瞰图

步骤三：画面基底和环境上色，确定画面基调。本方案硬质铺装面积比较大，水面是体现设计结构的主要元素，因此铺装和水面是要表现的重点，用土黄色涂硬地铺装，用亮蓝色表现水面，形成冷暖色调的对比。用黄绿色涂草坪，用深绿色涂树木，用浅暖灰色涂道路及建筑的暗部，同时用蓝绿色线条退晕手法表现周边环境（图 5.1.2-5c）。

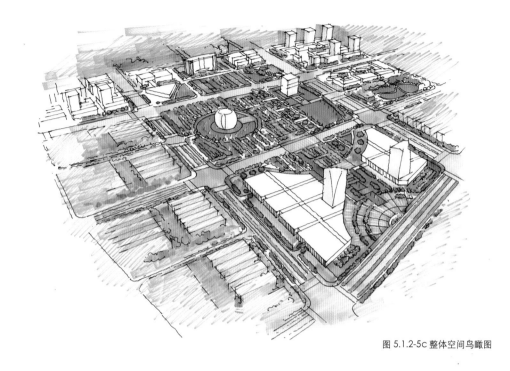

图 5.1.2-5c 整体空间鸟瞰图

步骤四：画面完善。增加树木和环境的暗部，加强建筑暗部处理，增加建筑阴影和铺地细部刻画，用明亮的橙红色突出中轴线和南部入口广场，调整画面的整体对比度和层次（图 5.1.2-5d）。

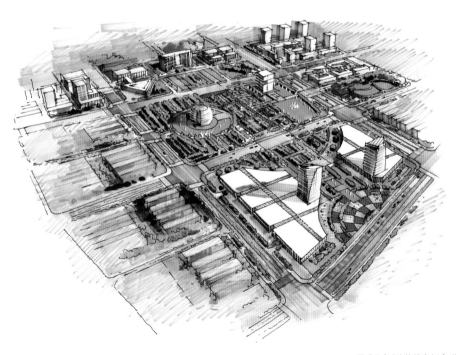

图 5.1.2-5d 整体空间鸟瞰图

步骤五：点睛和提升。用深灰色加强地面和道路，提升整体画面的对比度和厚重感。增加建筑立面细节和环境细节，如窗户线条、水池喷泉、屋顶天窗、建筑高光、建筑阴影等的表现，进一步提升画面的细腻程度和表现力（图 5.1.2-5e）。如果作为一般的快题考试，只需达到步骤四的程度即可，本步骤是较高的要求。

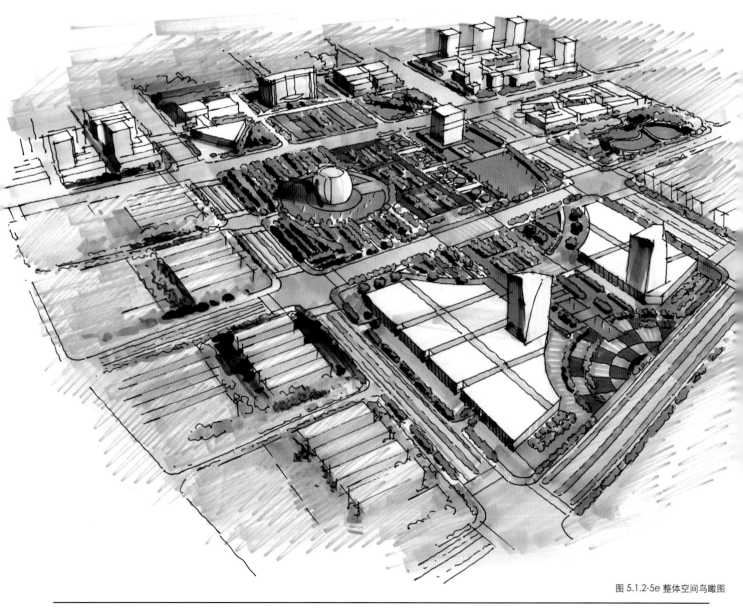

图 5.1.2-5e 整体空间鸟瞰图

第二节 城市商业中心规划

案例 1 江山市大南门核心商圈城市设计

1. 项目基本情况

　　基地位于浙江省江山市老城核心区域，本项目属于旧城更新项目，周边用地情况比较复杂，本地块功能定位是建设老城大南门地区的核心商圈，完善老城区职能，弥补旧城内大型综合性商业服务设施的不足。规划用地面积约 5.6 公顷，横跨两个街坊，基地西南角还有一组保留建筑（图 5.2.1-1）。

2. 设计结构

- **"街道 + 广场"的商业综合体建设模式**

　　本项目规模不大，基本属于街坊级别的开发，由于基地处在老城核心区，因此，探索适合老城区肌理和尺度、同时又具有现代大型商业综合体的开发建设模式是本项目的重点和难点。目前国内对于大型商业综合体较多采用"捷德"模式，即大体量建筑综合体结合室内商业街的做法，这种做法比较适合商业综合体建设，但缺点是建筑体量巨大，对周边的交通和环境压力也很大，这样的尺度与老城区的肌理很难协调。因此，本方案的设计结构旨在探索一种全新的适合老城尺度的商业综合体开发模式，即借鉴传统欧洲城市"街道 + 广场"的建设模式，用商业内街体系（街道）将大型建筑体量化整为零。同时在街道交汇处或者尽端建设室内或室外广场，形成完整的步行系统，既消解了大型商业综合体的体量，与老城区肌理相互协调，同时又提供了多样化的步行空间和商业沿街店面，提高了地块的经济价值（图 5.2.1-2）。

3. 方案生成

　　根据设计结构生成空间框架，调整室内商业街道和广场的位置及尺度，完成总平面图（图 5.2.1-3）和专项分析图（图 5.2.1-4a — 图 5.2.1-4c）。

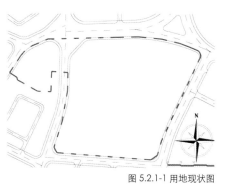

图 5.2.1-1 用地现状图

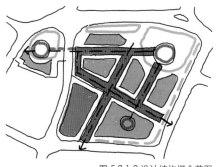

图 5.2.1-2 设计结构概念草图

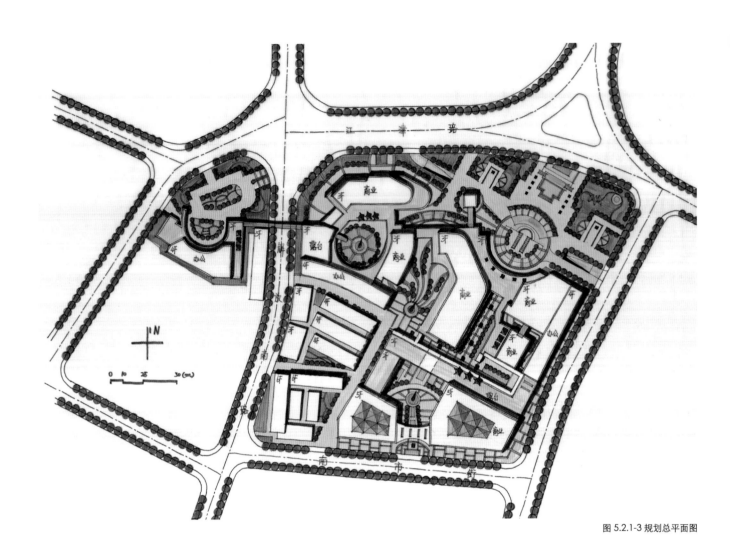

图 5.2.1-3 规划总平面图

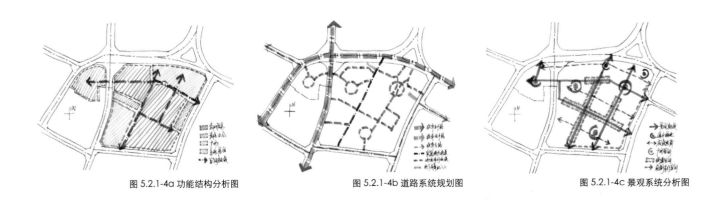

图 5.2.1-4a 功能结构分析图　　　　　　　图 5.2.1-4b 道路系统规划图　　　　　　　图 5.2.1-4c 景观系统分析图

4. 鸟瞰图

步骤一：选取基地东北方向作为鸟瞰视角，这样可以把主入口广场作为前景，清晰地交待建筑的主立面和商业内街的起点。同时相邻街坊的广场也可以在画面的右上方，能较好地反映"街道＋广场"的设计结构与构思。由于本地块规模较小，可以视作建筑综合体的表现，因此建筑的体量要刻画得细致些，根据平面布局勾勒出建筑形体轮廓和环境的大致关系（图 5.2.1-5a）。

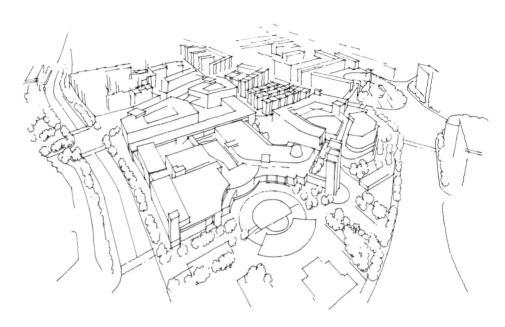

图 5.2.1-5a 整体空间鸟瞰图

步骤二：线稿细化和完善。进一步细化和完善线稿，增加建筑和环境的细节，包括建筑立面、屋顶天窗等，为了清晰表达前部入口广场的下沉空间，特意刻画出了两部自动扶梯（图 5.2.1-5b）。

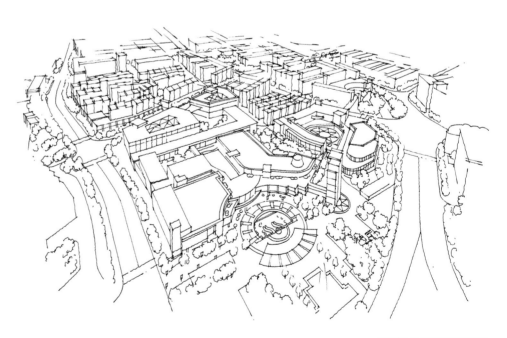

图 5.2.1-5b 整体空间鸟瞰图

步骤三：画面上色及完善。
用 4～5 种基本色区分建筑、环境、铺装、道路，确定画面基调：用黄绿色涂草坪和屋顶绿化；用土黄色涂地面铺装和建筑的正面立面；用暖灰色涂道路和建筑的暗面；用深绿色涂树木；调整画面整体明暗对比，适当强调商业内街和广场环境细节，画面基本完成（图 5.2.1-5c）。

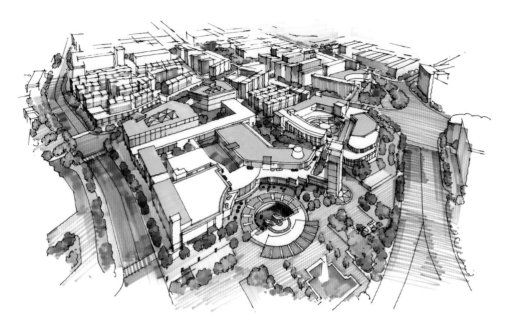

图 5.2.1-5c 整体空间鸟瞰图

步骤四：点睛和提升。用蓝灰色加深地面和建筑暗部，增加建筑和树木的阴影与暗部层次，整体加强画面的对比度和厚重感，增加建筑立面和屋顶的细部刻画。注意城市道路的画法，左侧道路路面采用宽线条满铺的画法，右侧道路采用细线条排列的画法，这样不同的处理可进一步提升画面的生动感（图 5.2.1-5d）。

图 5.2.1-5d 整体空间鸟瞰图

案例 2 巨化片区商贸中心城市设计

1. 项目基本情况

巨化片区是衢州市衢化新城的生活片区，是依托大型企业巨化集团逐步发展起来的新城区。巨化片区商贸中心位于新城核心地段，中央大道横穿整个基地，主要承担商贸、办公、酒店、公共休闲活动等职能。基地东部的石室堰河流沿线已建成滨河公园，景观条件良好（图 5.2.2-1）。

2. 设计结构

■ **以放射状交叉的道路为基本框架，整合各功能区块。**

通过基地分析可知，本项目基地由三个部分组成：一是石室堰河流沿线景观带，承担公共活动和休闲职能；二是中央大道两侧较为完整的用地，承担入口广场和商业综合服务功能；三是基地西侧中央大道与文昌路交叉口周围形成的空间节点，承担商贸办公及酒店等职能。因此，设计结构的目的就是要将这三部分有机整合，并与基地特征紧密结合。考虑到滨河公园采用了现代、开敞的现代主义景观风格，以放射状交叉的游路为基本特色。因此，设计结构延续了这一特征，将不同功能区块整合起来，并使得整体地块具有鲜明的个性特征。具体做法是，在中央大道北侧，延续放射状斜向轴线，将滨河景观导入地块内部，同时形成商业内街，沿线依托此轴线围合形成商业综合体；中央大道南侧布局入口广场，广场铺装延续了滨河景观带的放射状游路，并将绿化楔入广场，从而将广场和滨河绿地有机统一成为一个整体。西侧道路交叉口周围利用高层建筑裙房界面形成有效围合，形成空间节点（图 5.2.2-2）。

3. 方案生成

根据设计结构和功能布局，生成总平面图，注意斜向放射轴线的引领和控制作用。完成总平面图（图 5.2.2-3）和相关分析图（图 5.2.2-4a — 5.2.2-4c）。

图 5.2.2-1 用地现状图

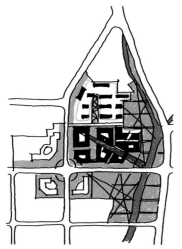

图 5.2.2-2 设计结构概念草图

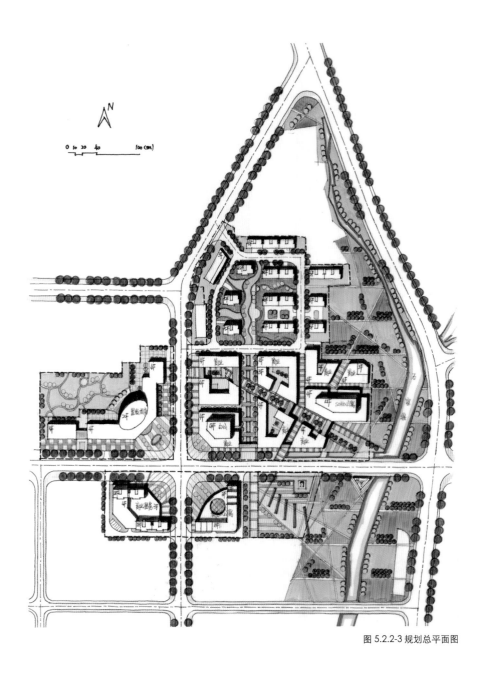

图 5.2.2-3 规划总平面图

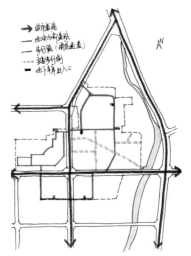

图 5.2.2-4a 功能结构分析图

图 5.2.2-4b 道路系统规划图

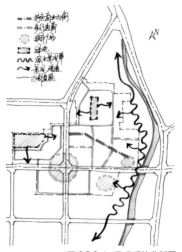

图 5.2.2-4c 景观系统分析图

4. 鸟瞰图

步骤一：选取基地东南方向作为鸟瞰视角，视点高度适当提高，以便表现商业综合体内部院落空间。斜向的商业内街和入口广场处在画面前部中心位置，能更好地体现设计结构的特色和意图。根据总平面图初步勾勒完成建筑体块和环境（图5.2.2-5a）。

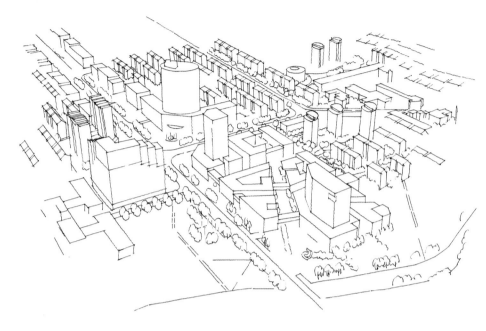

图 5.2.2-5a 整体空间鸟瞰图

步骤二：线稿深化和完善。进一步完善线稿，突出放射状交叉道路的特色，将其用双线表示，沿放射交叉道路排列树木，下部为开放式草坪，同时完善周边建筑和环境（图5.2.2-5b）。

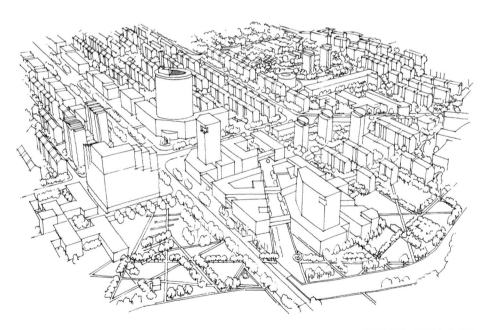

图 5.2.2-5b 整体空间鸟瞰图

步骤三：绿化和环境上色，确定画面基调。用两种绿色区分地面草坪和树木，用蓝色表现水面，用浅蓝灰色表现建筑暗面和远处背景，初步将建筑和环境区分开来，确定画面的基调（图5.2.2-5c）。

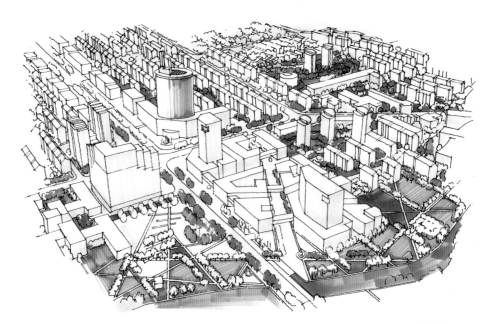

图 5.2.2-5c 整体空间鸟瞰图

步骤四：画面深化和完善。用深灰色进一步强化建筑暗面和地面，提高画面整体对比和厚重感，增加树木的暗部和层次，建筑屋顶上色，并进一步增加地面铺装和环境细部处理（图5.2.2-5d）。

图 5.2.2-5d 整体空间鸟瞰图

步骤五：点睛和提升。作为一般快题考试，达到上述步骤四的程度已经能满足要求。如果要进一步提升，可以用深灰色强化建筑暗部，增加建筑和树木阴影，增加建筑立面细节刻画，用明亮的橙红色表现广场和商业内街的地面铺装，增加建筑立面、屋顶和水面的高光，加深道路路面颜色并加画车道线等细节，用明亮的暖色点画部分树木和雕塑小品，增加画面亮点（图 5.2.2-5e）。

图 5.2.2-5e 整体空间鸟瞰图

案例 3 开化老城区西渠沿线改造城市设计

1. 项目基本情况

西渠是南北贯穿开化县老城区的景观河道,其沿线建筑质量普遍较差,是较为典型的老城棚户区。西渠沿线的改造旨在建设滨水特色商业街,并对拆迁居民尽最大可能进行原地或就近安置(图 5.2.3-1)。

2. 设计结构

■ **滨水线性开发结合居住组团,滨水步行商业街道串联空间节点。**

由于本次西渠沿线改造的用地较为狭窄,基本是沿着西渠两侧开发,局部有些放大地块。针对这种现状,设计结构应充分利用西渠的景观资源和滨水特色,沿线形成特色商业街,同时利用较大的地块作为安置小区建设。基于此,确定了滨水线性开发结合居住组团,滨水步行商业街道串联空间节点(休闲广场)的设计结构(图 5.2.3-2)。

3. 方案生成

根据设计结构,确定空间节点的位置:在北部入口和南部用地放大的位置分别设置广场,沿西渠两侧设置商业街,店面进深控制在 12～15m,为了增加空间变化,在南段设置了两排商业用房,形成单边滨水和内街两种形式。在基地西北和东北角两处比较大的地块,安排安置小区,根据上述功能和布局完成总平面图(图 5.2.3-3)和各项分析图(图 5.2.3-4a — 图 5.2.3-4c)。

图 5.2.3-1 用地现状图

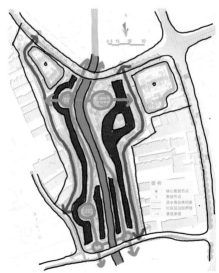

图 5.2.3-2 设计结构概念草图

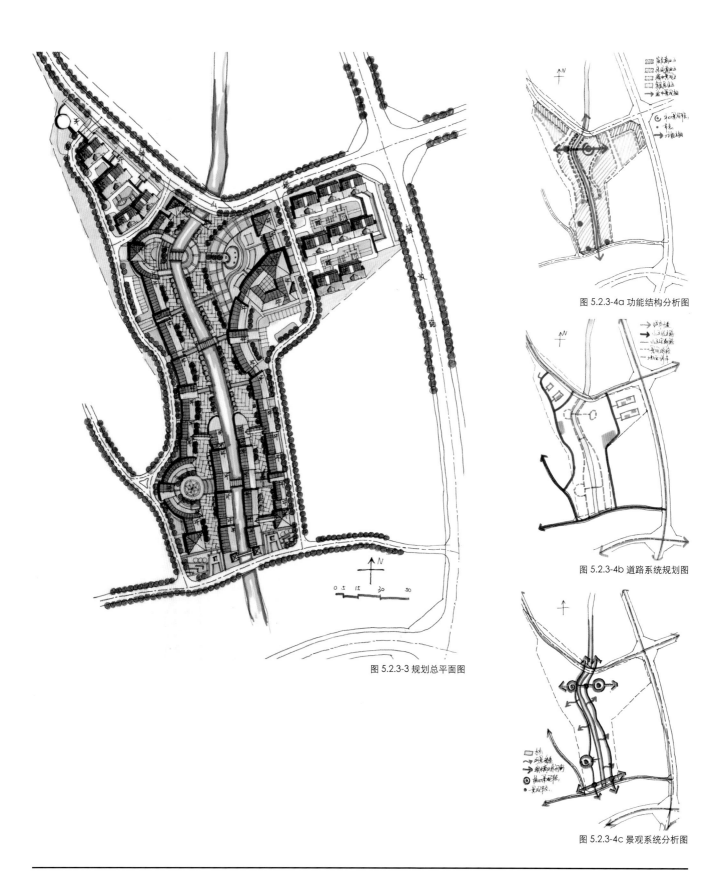

图 5.2.3-3 规划总平面图

图 5.2.3-4a 功能结构分析图

图 5.2.3-4b 道路系统规划图

图 5.2.3-4c 景观系统分析图

4.鸟瞰图

步骤一：选取基地西南方向作为鸟瞰视角，这样可以调整画面，将原本南北方向狭长的基地转为水平方向，使得画面布局更加均衡饱满。以北部入口广场作为视觉焦点，河流和街道向画面右上方延伸，较好地体现设计结构和地块特色。用白描手法勾勒出建筑和环境基本轮廓，为了体现江南水乡风貌，建筑采用坡顶形式（图 5.2.3-5a）。

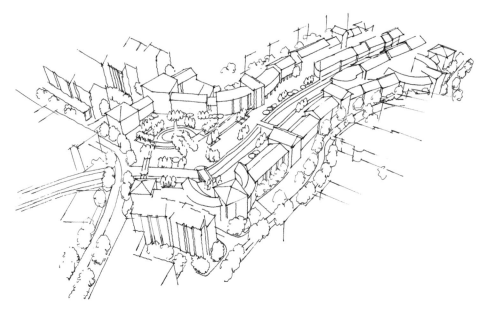

图 5.2.3-5a 整体空间鸟瞰图

步骤二：线稿深化和完善。继续完善线稿，增加建筑立面细部和环境细节刻画，完善广场和地面铺装的细节（图 5.2.3-5b）。

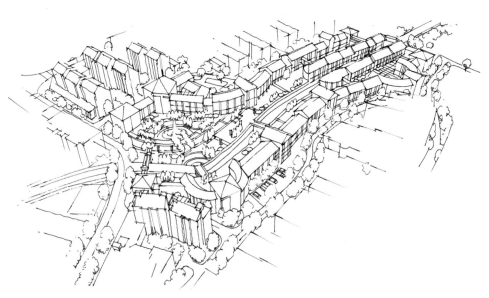

图 5.2.3-5b 整体空间鸟瞰图

步骤三：绿化、道路和屋顶上色，确定画面基调。用绿色涂绿化和背景环境，用深蓝灰色涂道路和屋顶，并区分屋顶的明暗面。因为本方案建筑屋顶占画面面积较大，并且能凸显整体环境风貌特征，因此是决定画面基调的重要元素（图 5.2.3-5c）。

图 5.2.3-5c 整体空间鸟瞰图

步骤四：画面丰富和完善。增加树木的暗部层次，深入刻画广场和滨河步道地面铺装，用两种暖色调区分地面材质和地面划分，增加建筑立面细部，整体调节画面对比度。至此，画面基本完成（图 5.2.3-5d）。

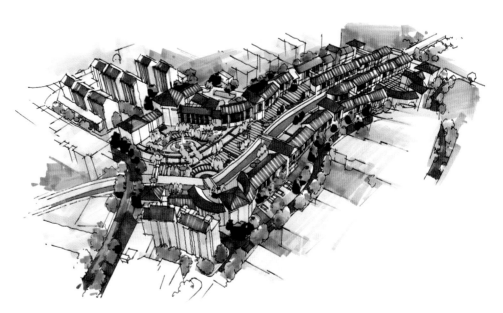

图 5.2.3-5d 整体空间鸟瞰图

步骤五：点睛和提升。作为一般快题设计，做到步骤四的程度即可。如果要进一步提升和深化，可以用深灰色强化地面，增加建筑和树木的阴影，整体加强画面的对比度和厚重感（图5.2.3-5e）。

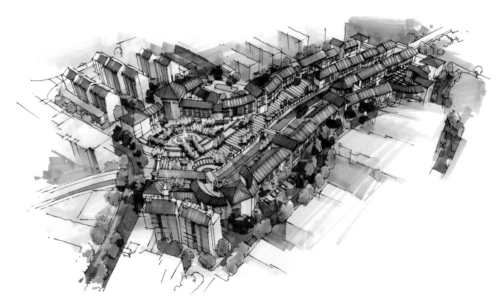

图 5.2.3-5e 整体空间鸟瞰图

步骤六：在步骤五基础上，用具有覆盖功能的白色线条笔表现建筑立面窗户细节，点画水面和屋顶高光，增加道路车道线等环境细节，进一步丰富画面细部，提高画面的细腻程度和感染力（图 5.2.3-5f）。

图 5.2.3-5f 整体空间鸟瞰图

案例 4 龙游太平路商业中心城市设计

1. 项目基本情况

　　龙游太平路商业中心位于龙游县老城区核心地段，基地地块原为县政府所在地，随着县政府的搬迁，本地块为改善老城区缺乏大型综合商业中心的局面提供了契机。项目拟建设大型综合商业服务设施，同时兼具文化、娱乐、酒店和部分酒店式公寓等功能（图 5.2.4-1）。

2. 设计结构

　　■ 严格的空间网格与内街体系叠加引导空间形态

　　作为老城区难得的较为完整的地块进行商业中心建设，本方案重点在于探索一种适宜的开发建设模式。大型室内综合体模式虽然能提供混合的功能和多样的室内空间，但巨大的体量与老城区肌理和尺度难以协调，而且经营模式较为单一，不能提供城市街道生活和交往空间。因此，本方案的设计结构就从解决这两个方面问题入手。所采取的方式是建立一套基于商业建筑功能的空间网格（22.5m x 22.5m），空间网格与商业内街系统叠加形成空间构架，建筑体量严格依托网格形成，通过体量的联合、并置、穿插、拆分等，获得满足不同商业功能需求的建筑体量，同时，建筑的体量和边界又严格按照网格生成，从而获得内在的理性与逻辑；另一方面，将大体量的建筑进行消解，以便于老城区肌理相协调，同时多条商业内街也提供了类似城市街道的生活空间，并使得店铺获得更多的沿街面，提升地块经济价值（图 5.2.4-2）。

3. 方案生成

　　依据设计结构形成的空间构架，在网格体系内生成不同尺度和功能的建筑体量，并将中心信息广场和若干小型广场与商业内街相结合，形成完整的室外开放空间体系，注意沿太平路商业界面的连续性，完成总平面布局（图 5.2.4-3），并完成相关分析图（图 5.2.4-4a — 图 5.2.4-4c）。

图 5.2.4-1 用地现状图　　　　　　　　图 5.2.4-2 设计结构概念草图

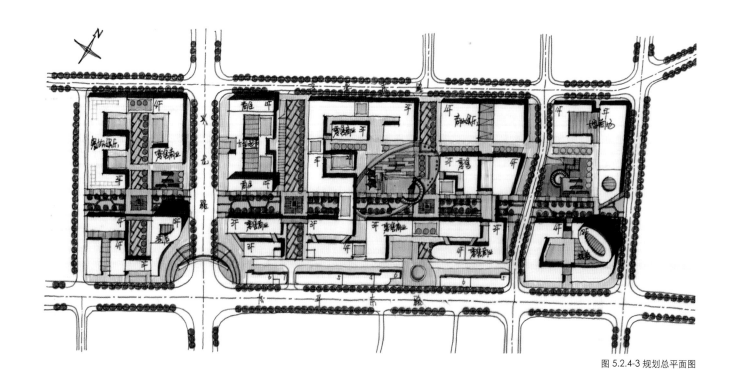

图 5.2.4-3 规划总平面图

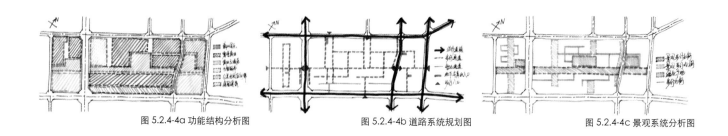

图 5.2.4-4a 功能结构分析图　　　　图 5.2.4-4b 道路系统规划图　　　　图 5.2.4-4c 景观系统分析图

4. 鸟瞰图

步骤一：选取基地东南方向作为鸟瞰视角，视点适当加高，以便能清晰表现街坊内部环境，同时这个视角能正面反映太平路沿街界面，而且能使信息广场开放空间位于画面中心的位置。根据总平面布局，用白描手法勾勒出建筑的体量，为了突出本方案依据空间网格生成的特点，建筑体量要严谨，线条尽量要挺括（图 5.2.4-5a）。

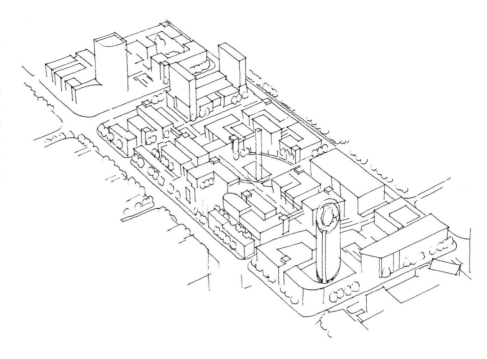

图 5.2.4-5a 整体空间鸟瞰图

步骤二：线稿完善。进一步完善线稿，丰富建筑和环境细部。注意建筑立面线条尽量规整，分割要尽量均匀，以突出设计结构的特征（图 5.2.4-5b）。

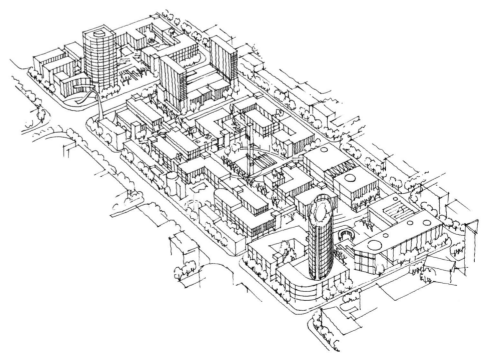

图 5.2.4-5b 整体空间鸟瞰图

步骤三：道路、树木和背景环境上色，用浅蓝灰色和暖灰色对建筑明暗面进行区分，确定画面基本黑白灰关系。由于本方案建筑密度较大，因此地面的面积并不大，主要是建筑屋顶，因此要先把建筑和环境区分开来（图5.2.4-5c）。

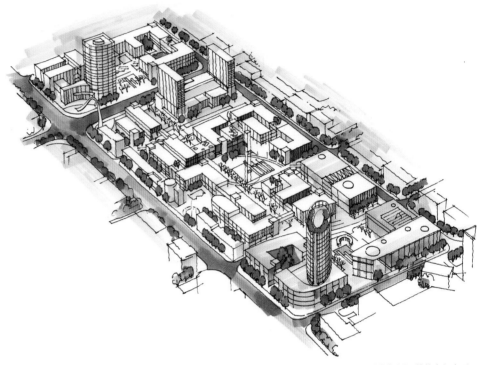

图 5.2.4-5c 整体空间鸟瞰图

步骤四：深化和完善。用深灰色加强地面、建筑暗部及建筑和树木的阴影，增加树木的暗部层次，提高画面整体的对比度和厚重感；用浅暖土黄色涂地面铺装，增加建筑立面细节，用橙红色表现电梯井和二层连廊，丰富环境细节，增加画面亮点（图5.2.4-5d）。

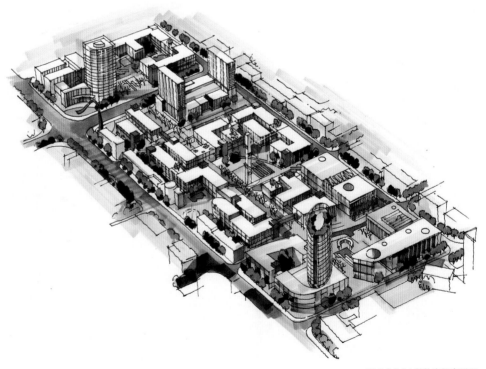

图 5.2.4-5d 整体空间鸟瞰图

5. 信息广场透视图

为了更好地展示商业中心空间环境，还可以对中心的信息广场进行透视表现。图 5.2.4-6a —— 图 5.2.4-6d 是绘制步骤，线条要简练、富有表现力，注重空间氛围的渲染，用色更是要少而精，起到画龙点睛的作用。

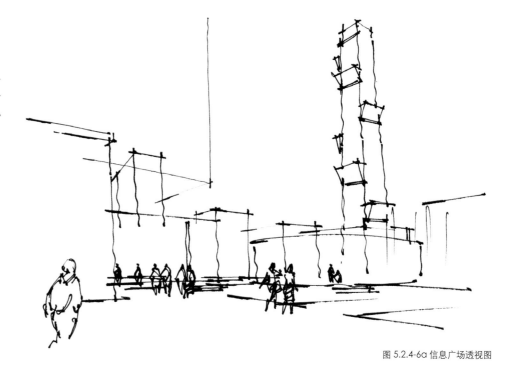

图 5.2.4-6a 信息广场透视图

图 5.2.4-6b 信息广场透视图

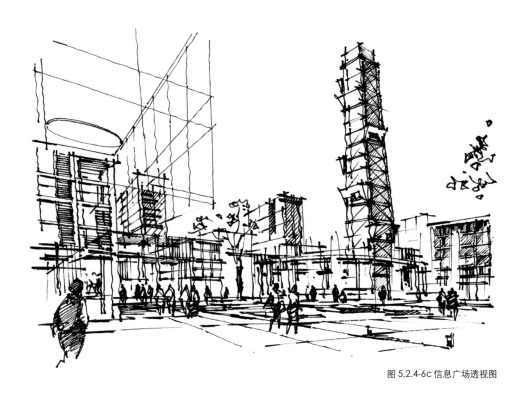

图 5.2.4-6c 信息广场透视图

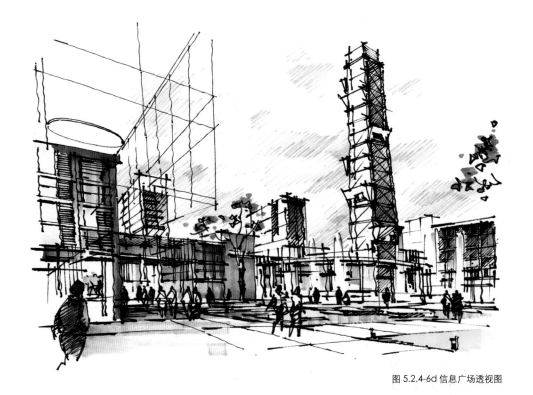

图 5.2.4-6d 信息广场透视图

第六章
城市规划快题设计分类指导（三）：
城市广场规划设计

案例1 浙江淳安千岛湖珍珠广场景观设计

1. 项目基本情况

　　珍珠广场位于浙江淳安千岛湖青溪新城珍珠半岛东端，是珍珠半岛中轴溪水系的东部尽端，面临东南湖广阔的水面，交通便捷，自然山水环境条件极佳。珍珠广场具有行政广场和市民游憩广场两大职能，同时也是青溪新城的空间地标（图6.1.1-1）。

2. 设计结构

■ 圆形基本形态与放射轴线沟通山水

　　设计结构从广场的两大职能和基地环境禀赋出发，作为行政广场，需要广场比较规整、大气，因此选择圆形作为广场的基本形态，而且圆心具有天然的中心感，可以突出行政大楼的重要地位；作为临湖的市民游憩广场，则需要提供多样的活动空间，体现滨水特色，充分利用周边得天独厚的自然山水环境。基于此，从圆心放射出若干轴线，其中的中央轴线与下穿的城市道路相垂直，并沟通广场与东南湖区的联系，另外四条次轴线上设置了四座船型建筑，作为公共服务设施。同时屋顶作为景观平台，可以远眺湖光山色，且船头造型更加凸显了广场滨水的特色。另一方面，船型建筑与广场边界利用台阶式处理，消解广场与湖岸的高差，形成从人工规整形态向自然生态形态的过渡（图6.1.1-2）。

3. 方案生成

　　根据设计结构确定的基本形态与空间轴线，确定广场边界与空间中心，协调行政大楼与周边建筑、道路的关系，完成广场总平面图（图6.1.1-3）和相关分析图（图6.1.1-4a—图6.1.1-4c）。

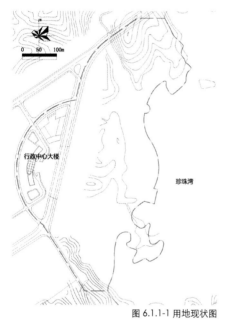

图6.1.1-1 用地现状图

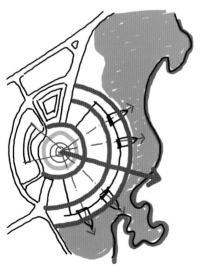

图6.1.1-2 设计结构概念草图

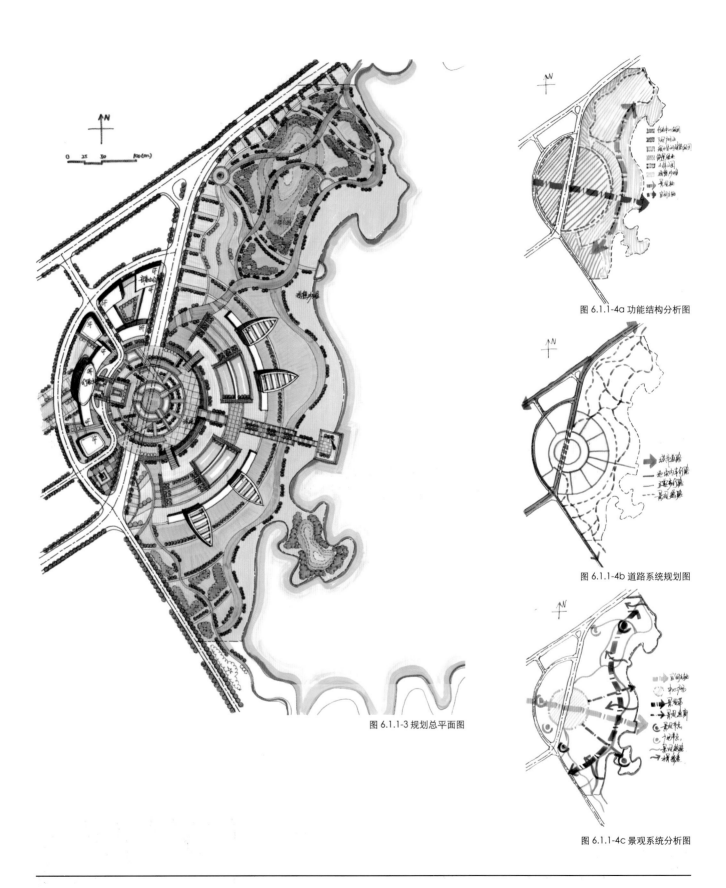

图 6.1.1-4a 功能结构分析图

图 6.1.1-4b 道路系统规划图

图 6.1.1-3 规划总平面图

图 6.1.1-4c 景观系统分析图

4. 鸟瞰图

步骤一：选取基地东南方向作为鸟瞰视角，视点高度适中，将广场中心置于画面中心偏左一些的位置，以便画面右侧留出较大空间展示广场与自然湖面景观。利用白描手法确定广场基本空间轮廓和行政大楼的位置（图6.1.1-5a）。

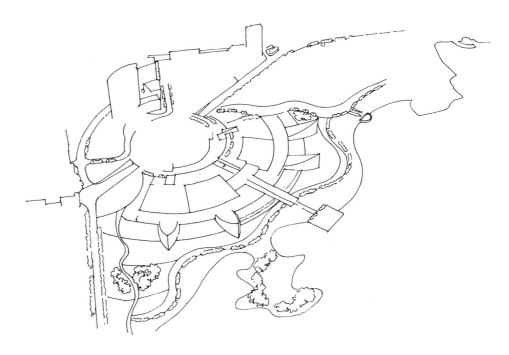

图 6.1.1-5a 整体空间鸟瞰图

步骤二：线稿深入。在步骤一基础上，根据环境基底，完成建筑体块和定位，进一步丰富环境细节，表现中央下沉广场和船头建筑，表现广场向湖面跌落的高差和地形变化（图6.1.1-5b）。

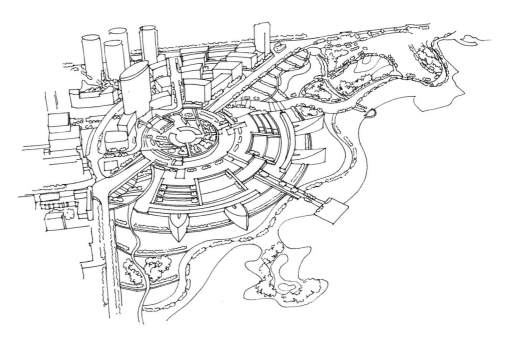

图 6.1.1-5b 整体空间鸟瞰图

步骤三：线稿完善。进一步丰富和完善线稿，增加广场地面铺装变化和滨湖绿带环境细节；增加建筑立面分层线，完善基地周边建筑和环境刻画（图 6.1.1-5c）。

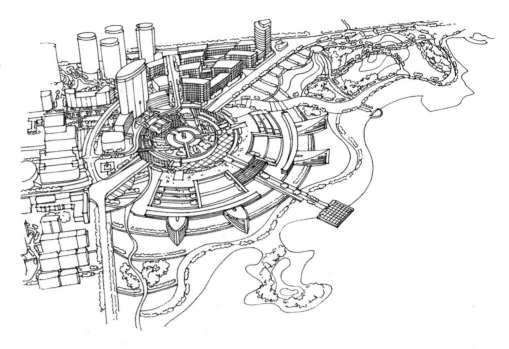

图 6.1.1-5c 整体空间鸟瞰图

步骤四：画面基底（绿化、水面）上色。用黄绿色满涂绿化地面、山体及背景环境，用浅蓝色涂水面，人工水面满涂，大面积湖面用短线排列加以表现。通过本步骤，将建筑、硬质铺装从画面中分离出来，也基本确定了画面的基调（图 6.1.1-5d）。

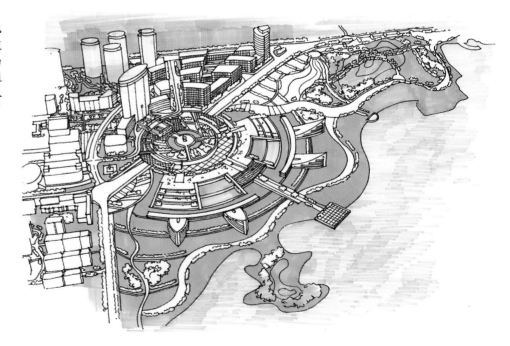

图 6.1.1-5d 整体空间鸟瞰图

步骤五：画面深化。用深绿色表现树木，并注意明暗变化；用暖色调表现广场硬质铺装和景观游路；用蓝灰色表现建筑的明暗面，用暖灰色涂道路，确定画面整体黑白灰关系（图6.1.1-5e）。

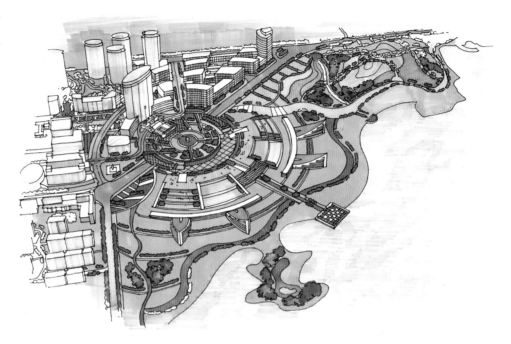

图6.1.1-5e 整体空间鸟瞰图

步骤六：画面完善和提升。用深绿色线条，增加绿化地面的层次；加强湖面的变化；用深灰色加强建筑暗部，增加建筑和树木的阴影；增加建筑立面细部和高光，整体调整画面的对比度，用鲜艳的亮色点画环境小品，使画面更加细腻和富有感染力（图6.1.1-5f）。

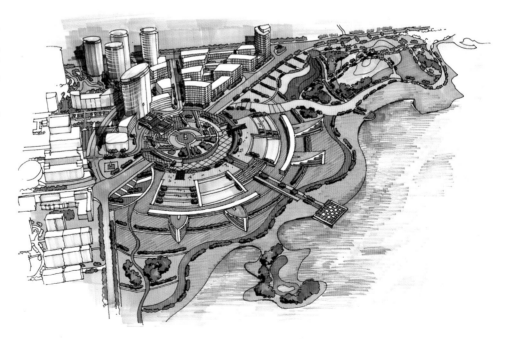

图6.1.1-5f 整体空间鸟瞰图

5. 局部鸟瞰图

为了展示方案中比较有特色的船型建筑以及地形高差处理，可以对相关局部进行表现。图6.1.1-6a — 图 6.1.1-6e 展示了绘制步骤，绘制过程与整体鸟瞰图基本相同。

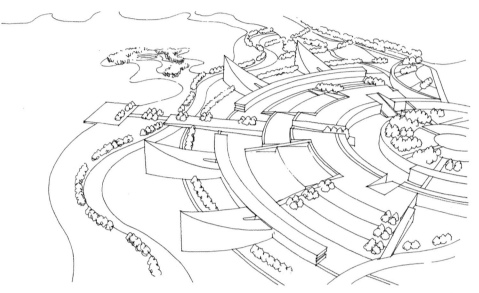

图 6.1.1-6a 局部鸟瞰图

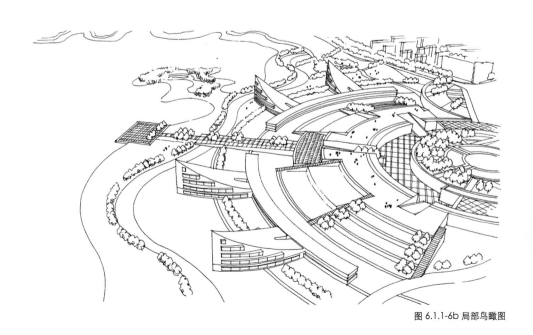

图 6.1.1-6b 局部鸟瞰图

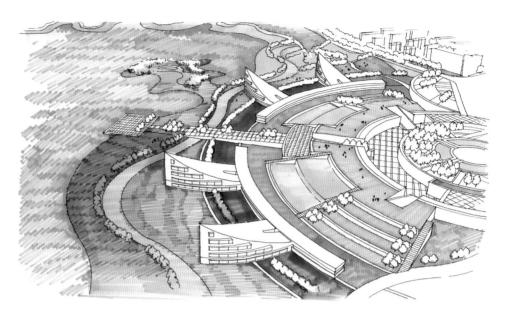

图 6.1.1-6c 局部鸟瞰图

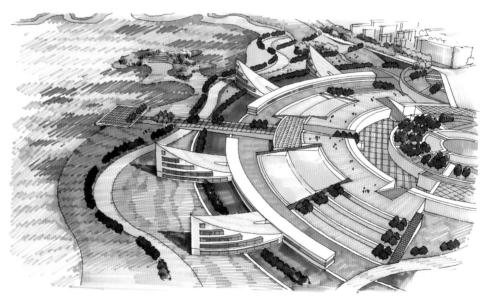

图 6.1.1-6d 局部鸟瞰图

图 6.1.1-6e 局部鸟瞰图

案例 2 浙江湖州吴兴广场景观设计

1. 项目基本情况

吴兴广场位于浙江省湖州市吴兴区一个三面环水的半岛上，是吴兴区行政大楼前面的行政广场和市民广场，该项目除广场本身以外，还包括行政中心建筑群周边的景观与环境（图 6.1.2-1）。

2. 设计结构

■ **依循行政大楼附楼的弧度，形成层层放射的圈层结构，控制整个基地。**

吴兴广场作为吴兴区行政广场，其空间氛围要求庄重大气，传统的中轴线元素应予以保留，行政大楼的对称造型也强化了中轴线。另一方面，基地三面临水，自然条件十分优越，因此，方案试图探索一种既庄重大气，又民主亲切的空间氛围，改变传统行政广场庄重有余、亲切不足的问题，同时和基地周边环境有机融合。设计结构来源于已经建成的行政大楼造型：对称的造型暗示了中轴线；两侧弧形的附楼形成了对广场的围合感，设计结构以中轴线与城市道路交叉点为圆心，依循行政大楼附楼的弧度，形成层层放射的圈层结构，控制整个基地，将绿化、广场铺装纳入到这个放射圈层结构中，既突出了行政大楼的中心感，又将中轴线消解在放射状扇面里，形成较为活泼的氛围，打破传统行政中心的庄重和压迫感。同时，为了强化圈层结构并突出滨水特色，将水沿弧形圈层导入基地，从而分隔出一个小岛，增加了景观层次。另一方面，这个放射结构将行政大楼两侧及后部用地与行政广场整合在一起，使得这些边角用地不再是消极的空间，而是成为广场空间整体的有机组成部分（图 6.1.2-2）。

3. 方案生成

依据设计结构形成的放射及圈层体系，划分不同功能区域，将广场、绿化纳入该体系中，广场铺装、绿化种植都依循这个放射圈层系统，形成规划总体布局，完成总平面图（图 6.1.2-3）和相关分析图（图 6.1.2-4a — 图 6.1.2-4c）。

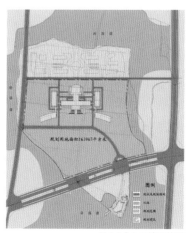

图 6.1.2-1 用地现状图

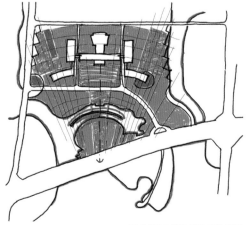

图 6.1.2-2 设计结构概念草图

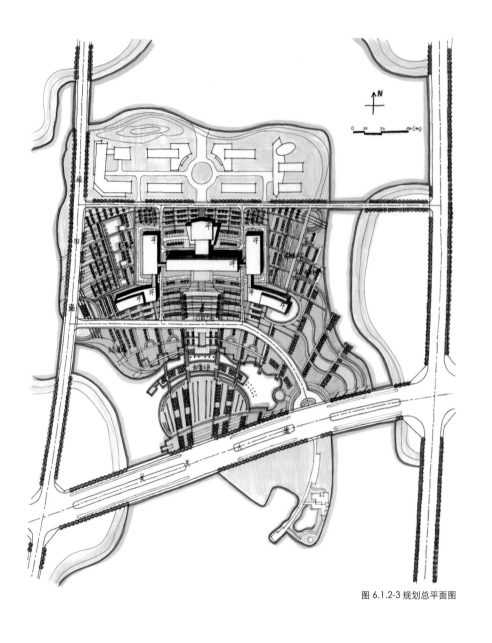

图 6.1.2-3 规划总平面图

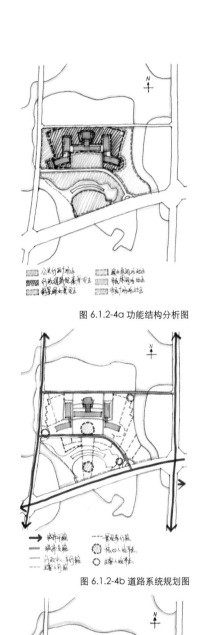

图 6.1.2-4a 功能结构分析图

图 6.1.2-4b 道路系统规划图

图 6.1.2-4c 景观系统分析图

4.鸟瞰图

步骤一：选取基地西南方向作为鸟瞰视角，使得中轴线基本为斜向45°，画面比较均衡。依据总平面图，用白描手法确定行政大楼、广场基本形态和不同地面质感的划分，注意前景弧形小岛的表达，树木沿放射状道路和铺装种植，确定画面的基本元素，突出设计结构特色（图6.1.2-5a）。

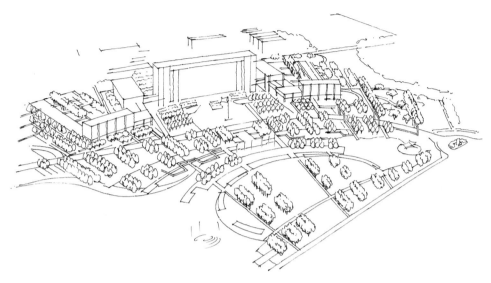

图 6.1.2-5a 整体空间鸟瞰图

步骤二：线稿完善。继续完善和丰富线稿，增加广场放射状铺装和细节；增加建筑立面细部和周边环境；用树列进一步强化中心放射和圈层特色（图6.1.2-5b）。

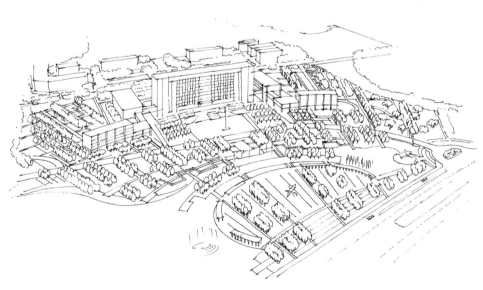

图 6.1.2-5b 整体空间鸟瞰图

步骤三：画面基底上色，确定画面基调。用四至五种颜色涂画面基底；用深绿色涂地面绿化；用黄绿色涂树木；用浅蓝色涂水面，注意水面颜色深浅变化和留白；用浅土黄色涂广场地面铺装；用暖灰色涂道路和建筑暗面，注意背景的虚化处理，体现空间景深和层次（图 6.1.2-5c）。

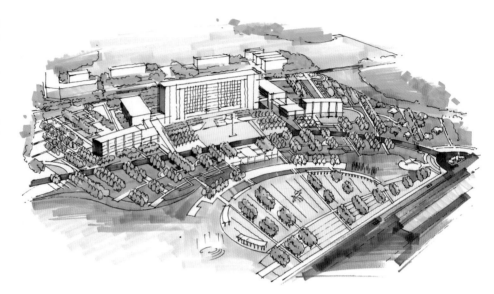

图 6.1.2-5c 整体空间鸟瞰图

步骤四：画面深化和完善。进一步深化画面细节，用明亮的橙红色表现广场地面铺装的划分；增加建筑立面细节；增加树木暗部层次处理（图 6.1.2-5d）。

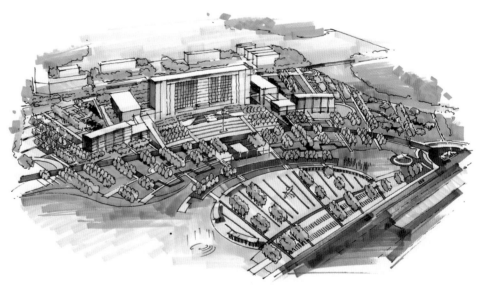

图 6.1.2-5d 整体空间鸟瞰图

步骤五：点睛和提升。作为一般的快题考试，达到步骤四的程度已经能够满足要求。如果进一步提升，则可以用深灰色加强地面和树木暗部，增加树木和建筑阴影；增加建筑立面的光影变化；增加背景环境的色彩层次，增强画面整体对比度和视觉冲击力（图6.1.2-5e）。

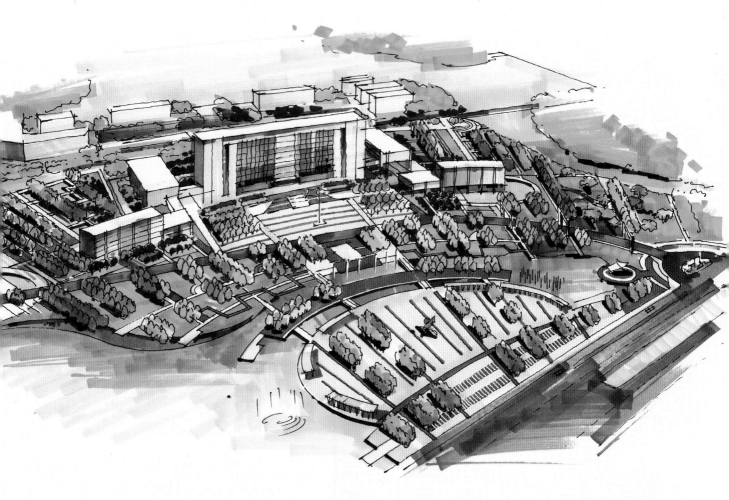

图 6.1.1-5e 整体空间鸟瞰图

5. 变换鸟瞰角度

为了突出设计结构特色，也可以尝试不同视角的鸟瞰表现。如选取基地西北角作为鸟瞰方向，这样，既可以展现行政大楼前部的广场景观，同时也可展示其后部及周边的景观效果，放射性路径向前部小岛汇聚的趋势也更突出。图 6.1.2-6a — 图 6.1.2-6d 展示了这个角度鸟瞰的绘制过程。

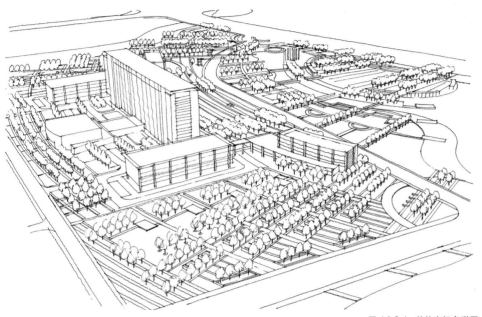

图 6.1.2-6a 整体空间鸟瞰图

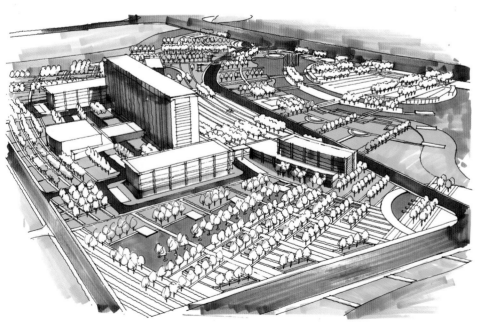

图 6.1.2-6b 整体空间鸟瞰图

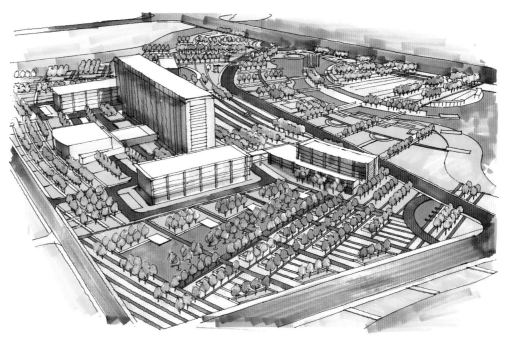

图 6.1.2-6c 整体空间鸟瞰图

图 6.1.2-6d 整体空间鸟瞰图

案例 3 南宁市金湖广场规划设计

1. 项目基本情况

金湖广场位于南宁市区东部，处于城市中心地段，功能定位为市民休闲游憩广场。基地四周被城市道路围合，呈狭长的运动场形态，东西向的民族大道将基地分割为南北两个地块（图 6.1.3-1）。

2. 设计结构

■ 网格控制下的模块肌理与空间活跃元素相结合

作为城市中心的市民休闲广场，本方案的目标主要有两个：一是为市民提供多样的休闲活动空间；二是塑造独特的空间形象，体现地域特色，并与现代城市生活有机融合。基于此，确定了网格控制下的模块肌理与空间活跃元素相结合的设计结构。首先，确立一条贯穿南北的中轴线，将南北两个地块联系起来，在此基础上，设定一套水平方向的网格线，利用铺地、草坪、花坛、灌木等元素组合形成广场基本景观模块，并依托网格将这一基本模块重复使用，形成空间韵律和肌理；为了增加广场空间的变化和层次，引入一套斜向网格，与水平网格相交叠，形成斜向的肌理变化。同时，利用斜向的路径将广场中重要的景观节点连接起来，形成规整网格肌理上跳跃的空间活跃元素（图 6.1.3-2）。

3. 方案生成

根据设计结构划分基本功能区域，依据网格排布基本景观模块，布置景观节点，在中轴线北部尽端安排大型主题雕塑"五象泉"，为了沟通南北两个地块，在民族大道下设人行过街通道。完成总平面图（图 6.1.3-3）和相关分析图（图 6.1.3-4a — 图 6.1.3-4c）。

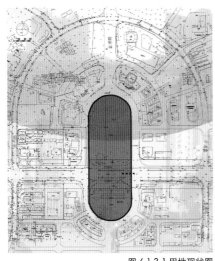

图 6.1.3-1 用地现状图

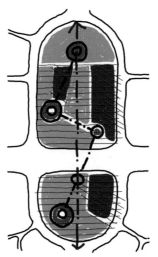

图 6.1.3-2 设计结构概念草图

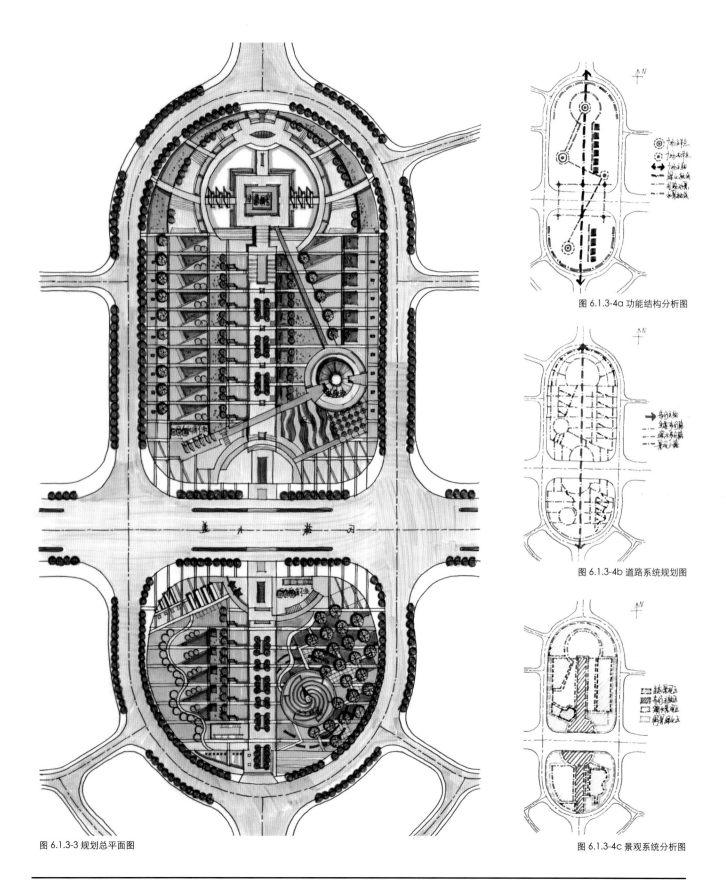

图 6.1.3-3 规划总平面图

图 6.1.3-4a 功能结构分析图

图 6.1.3-4b 道路系统规划图

图 6.1.3-4c 景观系统分析图

4. 鸟瞰图

步骤一: 选取基地西南方向作为鸟瞰角度, 这样可以使得中轴线位于画面中部45°方向, 以便突出设计结构主干。依据总平面, 利用白描手法绘制广场基本布局, 特别要突出网格和富有韵律的肌理模块 (图6.1.3-5a)。

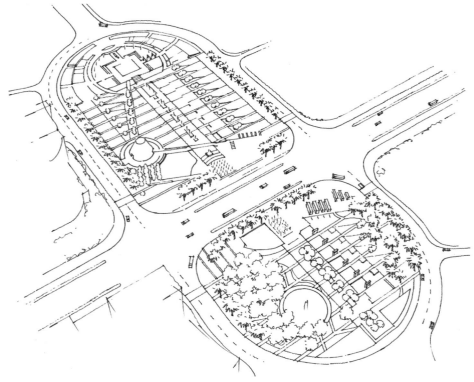

图 6.1.3-5a 整体空间鸟瞰图

步骤二: 线稿完善。继续丰富和完善线稿, 进一步丰富广场景观细部, 增加周边环境刻画(图6.1.3-5b)。

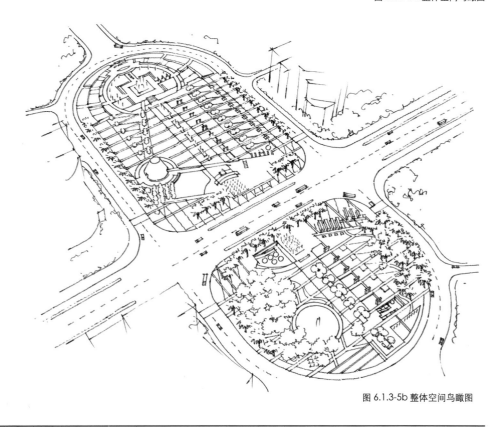

图 6.1.3-5b 整体空间鸟瞰图

步骤三：初步上色，确定画面基调。用四至五种基本颜色区分不同材质：用黄绿色涂草坪和灌木；用深绿色涂树木；用两种不同的暖色涂硬质铺装；用浅蓝色涂水面和玻璃体建筑。为了突出基地特征，加强画面的对比度，用深蓝灰色涂周边城市道路，注意路面的变化（图6.1.3-5c）。

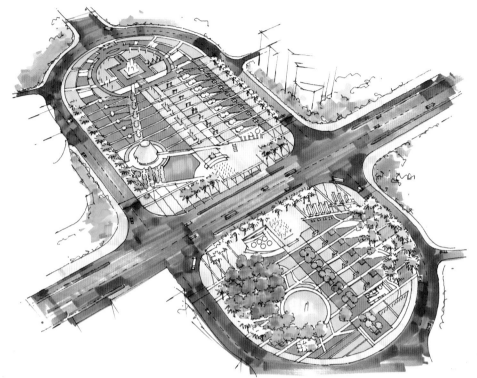

图 6.1.3-5c 整体空间鸟瞰图

步骤四：画面深化和完善。进一步深入刻画环境细节，区分灌木和草坪，增加地面铺装的划分和变化，增加水面的变化和层次，完善周边环境的表现和处理（图6.1.3-5d）。

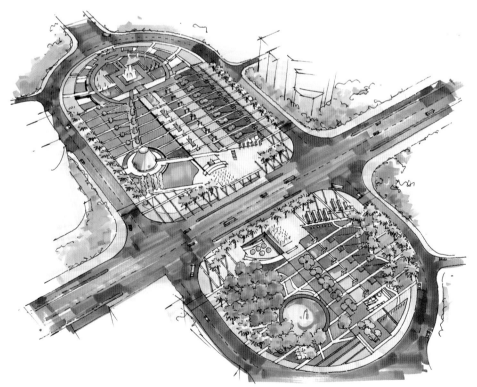

图 6.1.3-5d 整体空间鸟瞰图

步骤五：点睛和提升。作为一般的快题设计，达到上述步骤四的程度已经能够满足要求。如做更高要求，则可进一步提升画面：用深灰色强化地面和建筑暗部，提升画面整体对比度和厚重感；增加树木和建筑的阴影，增加树木暗部的层次；加画水池岸线阴影，点画水面和建筑的高光；增加道路车道线、建筑立面的细节刻画，进一步细化地面铺装的变化和材质区别等，提升整个画面的细腻感和丰富度（图6.1.3-5e）。

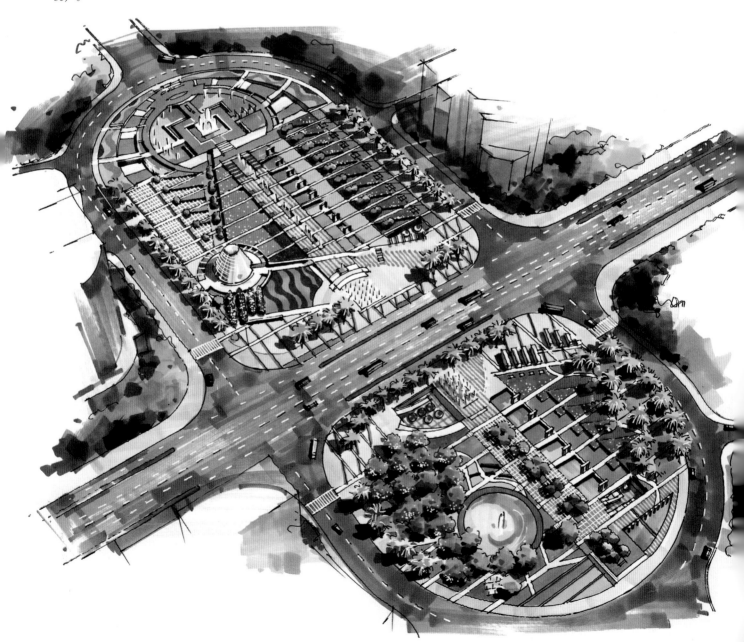

图 6.1.3-5e 整体空间鸟瞰

第七章
城市规划快题设计分类指导（四）：
校园规划

案例 1 贵港职业学院校园规划（大学）

1. 项目基本情况

贵港职业学院位于广西省贵港市城区东北部，基地由城市道路围合的两个地块组成，地势平坦、交通便捷。该学院是从事职业教育和相关人才培养的高等院校，就读学生人数约 5000 人（图 7.1.1-1）。

2. 设计结构

- 采用"稷下学宫"外方内圆、十字轴线的形态架构组织校园空间。

根据学校的功能性质和基地形态较为方正的特点，设计理念来源于孔子创立的最早的教育机构"稷下学宫"。"稷下学宫"的基本形态特征是：外方内圆，十字轴线。设计结构采用了这种基本形态架构来组织校园空间，并根据基地条件，将教学、办公、图书馆等服务共享区安排在面积较大的南部地块，将体育运动区、学生生活区和教职工宿舍安排在面积较小的北部地块。两个地块通过南北向中轴线连接，同时，在基地中部形成圆形的景观中心，安排图书馆、学生活动中心和景观湖面，形成校园的核心，同时也强化了外方内圆的设计结构特色。在此基础上，为了增加景观层次并突出校园核心，从景观中心引出一条斜向轴线，形成斜向的景观水池，既强化了中心感，同时也将中轴线和东部的教学区进行了巧妙的分隔（图 7.1.1-2）。

图 7.1.1-1 用地现状图　　　　图 7.1.1-2 设计结构概念草图

3. 方案生成

　　根据设计结构，确定南北中轴线，并形成校园南北主要出入口，南北轴线与基地中部东西向道路共同构成十字结构。根据图书馆、学生活动中心规模要求确定中部圆形校园中心的尺度，并将圆形的大部分置于南部地块，形成对南北两个地块的连接与咬合。这样，就形成了外方内圆的结构，突出设计理念。根据设计结构形成的框架以及对基地的划分，综合考虑教学楼、宿舍楼、标准运动场等的尺度、日照间距的要求，进行各功能区块安排。校园道路采用周边式布局，保证校园内部基本为步行区域。完成总平面图（图 7.1.1-3）和相关分析图（图 7.1.1-4a — 图 7.1.1-4c）。

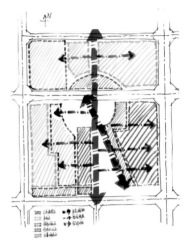

图 7.1.1-4a 功能结构分析图

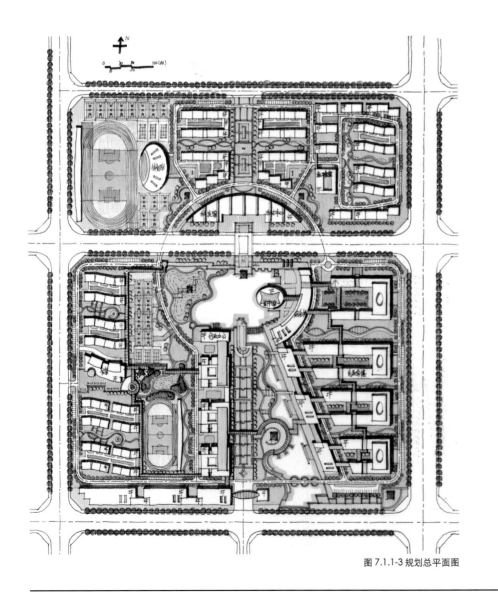

图 7.1.1-3 规划总平面图

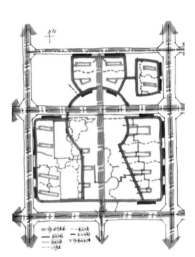

图 7.1.1-4b 道路系统规划图

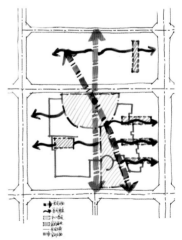

图 7.1.1-4c 景观系统分析图

4. 鸟瞰图

步骤一：选取基地东南方向作为鸟瞰视角，视点高度适当加高，以便能清晰表达教学楼的院落空间和环境。这个视角也可以使主入口轴线位于画面前部显著位置，圆形景观核心位置位于画面中后部，可以有效突出重点，体现设计结构的特色。根据总平面布局，采用白描的手法，确定建筑的体块和布局，区分硬质铺装和绿化，完成线稿（图7.1.1-5a）。

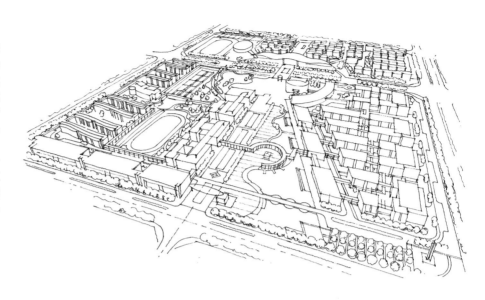

图 7.1.1-5a 整体空间鸟瞰图

步骤二：画面基底上色，确定画面基调。利用四至五种基本颜色区分画面基底材质：用绿色涂地面和草坪；用暖土黄色涂中轴线和硬质铺装；用蓝色涂水面；用深灰色涂周边城市道路；用浅蓝灰色区分建筑明暗面和远处的建筑背景，基本区分建筑与环境，确定画面的基调（图7.1.1-5b）。

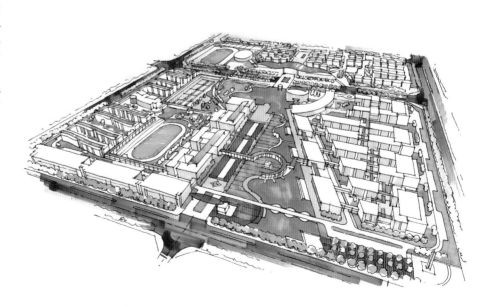

图 7.1.1-5b 整体空间鸟瞰图

步骤三：画面深化与完善。
用深灰色强化地面和建筑暗部，
增加画面整体对比度和厚重感；
区分树木与草坪，增加环境细
节，如运动场跑道、滨水平台等；
增加建筑立面和屋顶的细节，整
体调节画面的黑白灰关系（图
7.1.1-5c）。

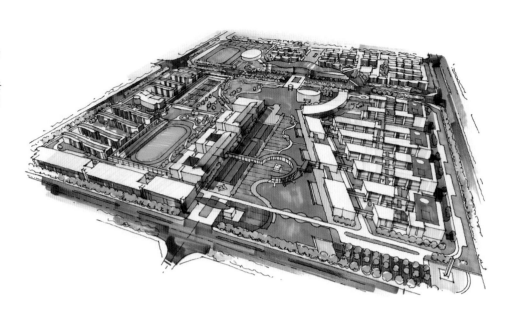

图 7.1.1-5c 整体空间鸟瞰图

步骤四：点睛和提升。增加
建筑和树木的阴影，用深绿色强
化树木的暗部，增加建筑立面的
细节，整体调整画面的对比度和
层次感（图 7.1.1-5d）。

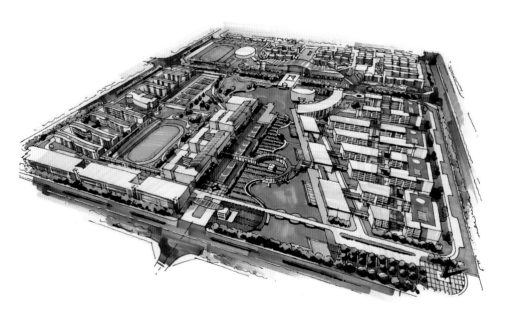

图 7.1.1-5d 整体空间鸟瞰图

5. 变换角度的鸟瞰图

为了更好地突出中心景观，多角度展示方案空间特色，也可以变换视角，从不同方向对校园空间进行鸟瞰图表现。如把基地西北角方向作为鸟瞰角度，适当抬高视点高度，就可以把圆形校园中央景观置于画面中心位置，由内向外表现主入口景观，也可以达到比较好的表现效果。图7.1.1-6a — 图 7.1.1-6e 展示了这个角度鸟瞰图的绘制步骤。

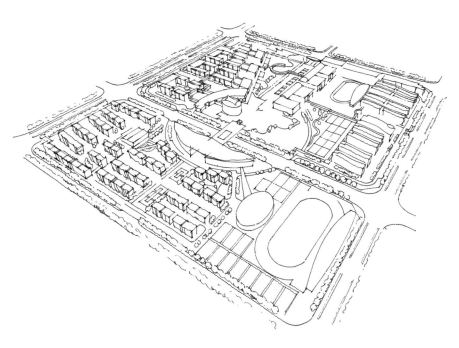

图 7.1.1-6a 整体空间鸟瞰图

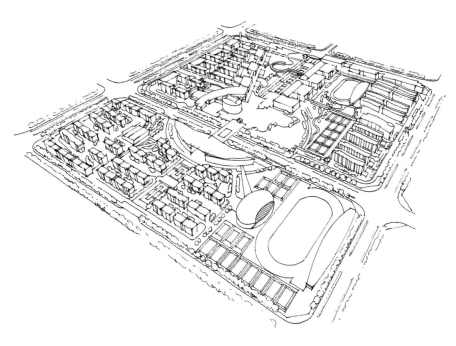

图 7.1.1-6b 整体空间鸟瞰图

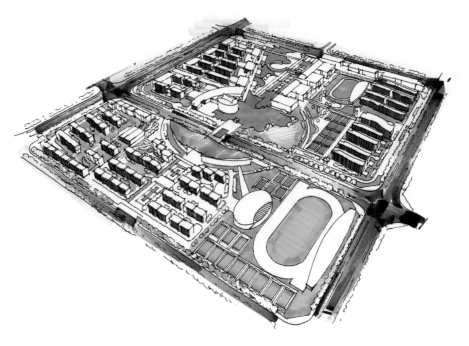

图 7.1.1-6c 整体空间鸟瞰图

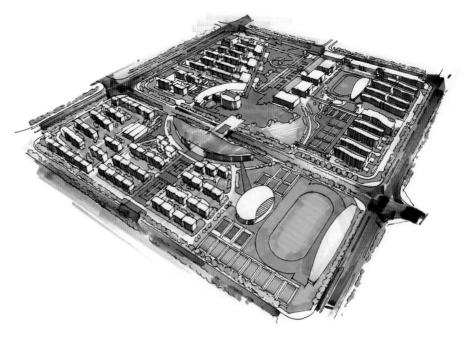

图 7.1.1-6d 整体空间鸟瞰图

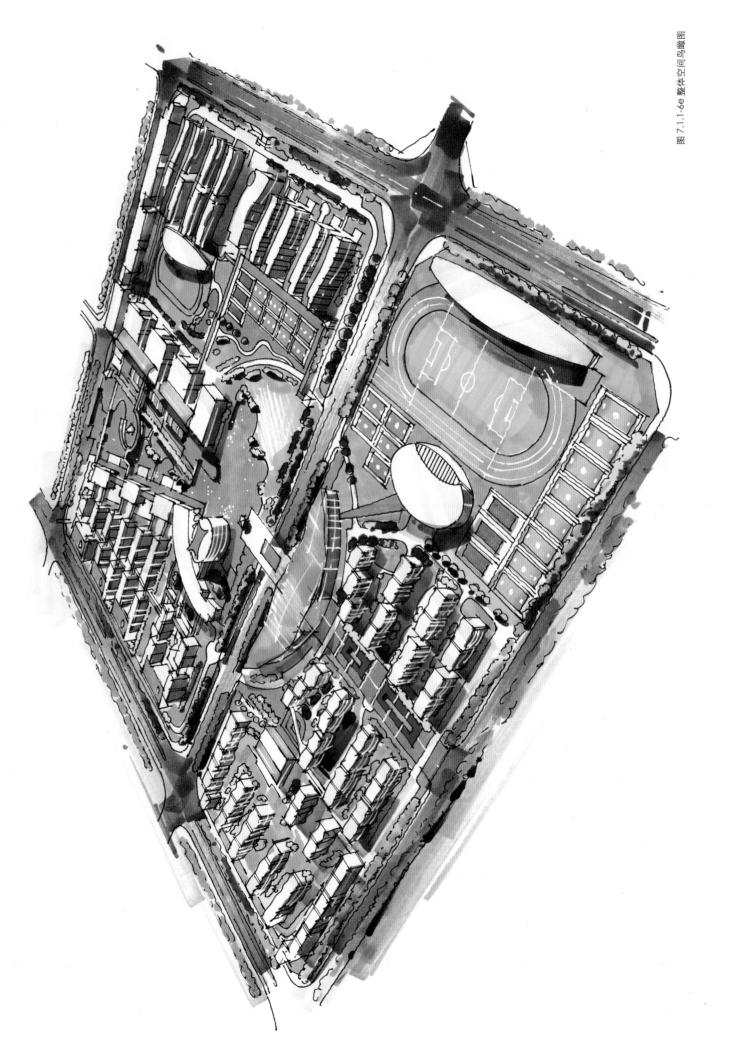

图 7.1.1-6e 整体空间鸟瞰图

案例 2 玉林师范学院东校区校园规划（大学）

1. 项目基本情况

玉林师范学院东校区位于广西玉林市市区北部，南临城市干道，背靠自然山体，用地呈不规则形态，规划面积约 50 公顷。基地西南角已经建成办公楼、图书馆等建筑，规划中需加以保留。基地内最大的特色是两山两湖，自然景观条件十分优越，这也成为设计的基础（图 7.1.2-1、图 7.1.2-2）。

图 7.1.2-1 用地现状图

2. 设计结构

■ 从基地固有特征出发，用路网串联、组织空间，编织山水。

根据基地现状，设计理念是最大限度利用良好的自然山水条件，依托山形水势，形成串联全区的环形校园主路，串联各功能区块；依托主入口轴线和广场，将现状保留建筑加以整合；在此基础上，由主入口广场向东北方向延伸一条空间轴线，轴线方向与基地内条形山体相平行呼应，成为组织教学主导空间的骨架（图 7.1.2-3a）。

依托这个结构骨架，结合地形特点与形态，采用组团式布局，安排教学区、运动区、管理区和后勤区，并在山体和湖面之间开辟道路，将校园分为东西两大部分，东部为教学区，西部为后勤区（图 7.1.2-3b）。

在各功能组团之间设置绿化，并与基地内部的山体、湖面以及外部山体相互沟通、融合，实现编织山水，校园融入自然的设计意图（图 7.1.2-3c）。

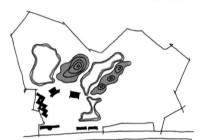

图 7.1.2-2 设计条件分析图

3. 方案生成

根据设计结构确定的空间架构和功能布局，考虑教学楼建筑尺度和间距要求，完成总平面图（图 7.1.2-4）及各项分析图（图 7.1.2-5a — 图 7.1.2-5c）。

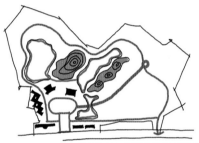

图 7.1.2-3a 设计结构概念草图

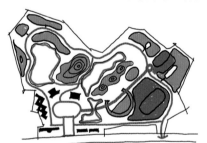

图 7.1.2-3b 设计结构概念草图

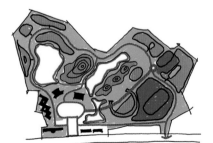

图 7.1.2-3c 设计结构概念草图

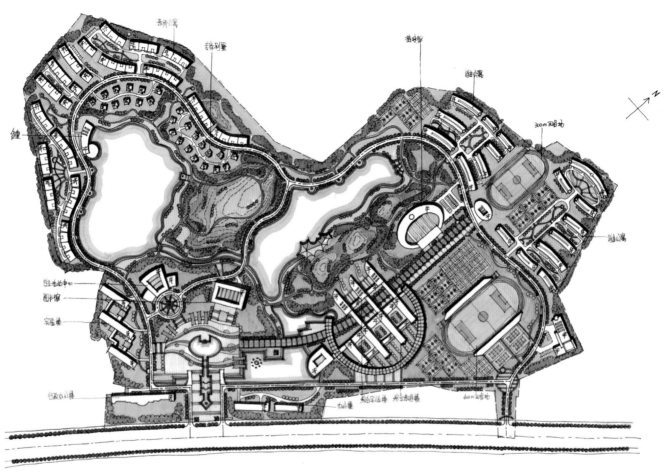

图 7.1.2-4 规划总平面图

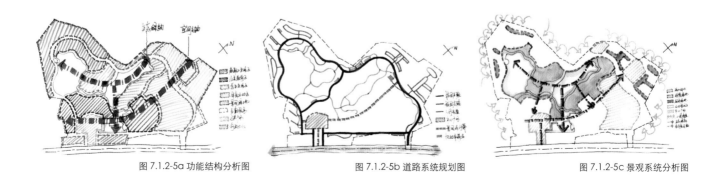

图 7.1.2-5a 功能结构分析图　　　　　图 7.1.2-5b 道路系统规划图　　　　　图 7.1.2-5c 景观系统分析图

4. 鸟瞰图

步骤一：选取基地东南方向作为鸟瞰视角，这样可以将主要空间教学区、入口区置于画面前部，重点突出。视点高度适当加高，以便清晰表达院落空间及基地内部的山体和水面。利用白描手法将建筑体量和基本布局勾勒出来，明确基地内两个湖面的位置（图7.1.2-6a）。

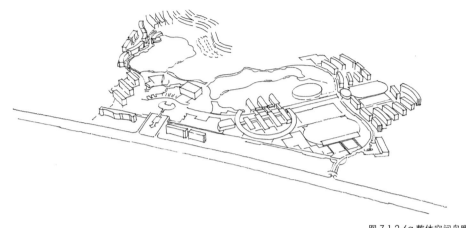

图 7.1.2-6a 整体空间鸟瞰图

步骤二：线稿完善。增加建筑和环境细节，完善广场和硬质铺装，基地内部山体及周边环境细部表现（图7.1.2-6b）。

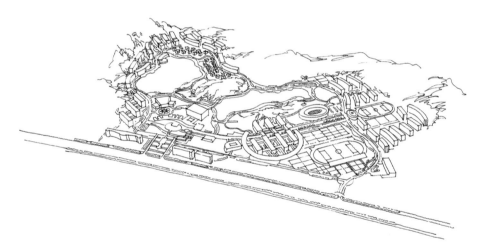

图 7.1.2-6b 整体空间鸟瞰图

步骤三：画面基底上色，确定整体基调。利用黄绿色和深绿色两种绿色涂草坪、地面绿化及山体，由于基地内部及周边的环境为山体，因此没有采用常见的平涂的手法，而是采用线条密铺的方式，注意笔触的变化和明暗面区分，以体现山体的坡度和山脊、山谷的特征。用蓝色涂水面。这样可以把画面的基底涂满，将建筑、硬质铺装和道路从基底环境中分离出来，画面的总体基调也基本确定下来（图7.1.2-6c）。

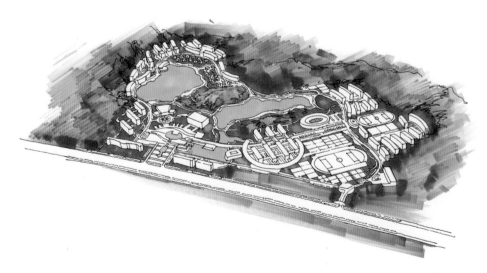

图 7.1.2-6c 整体空间鸟瞰图

步骤四：画面深化。用鲜亮的橙红色表现教学轴线及硬质运动场地，增加画面亮色并突出设计结构特色；增加建筑、山体的阴影和暗部，用暖深灰色表现外部城市道路及校园主路，适当增加建筑立面、屋顶等细节刻画(图7.1.2-6d)。

图 7.1.2-6d 整体空间鸟瞰图

步骤五：点睛和提升。进一步深入刻画，丰富环境和建筑细节，增加硬质铺装的划分，加画道路车道线，增加建筑立面细节及屋顶细部，整体协调画面的细腻度和暗部层次（图 7.1.2-6e）。

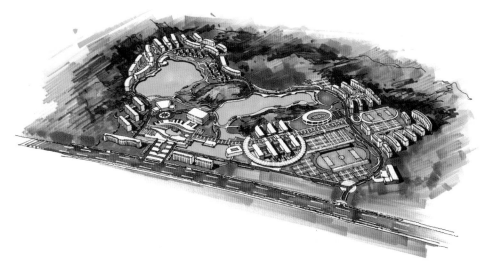

图 7.1.2-6e 整体空间鸟瞰图

案例 3 镇江高校园区共享区规划（大学）

1. 项目基本情况

镇江高校园区共享区是镇江大学城的核心区域，规划面积 70 公顷，为大学城内六所大学提供公共服务，包括图书馆、信息中心、学生服务中心、食堂、科技中心等职能，以高校公共服务的集约、高效、均等化为目标，并形成大学城的标志性区域（图 7.1.3-1）。

2. 设计结构

■ 串联空间的红色飘带

基地呈南北狭长形态，被道路分隔为四个地块，基地北部的自然山体景观资源条件优越。图书馆、学生服务中心等相关功能分布在不同地块。设计结构旨在将不同地块串联成为有机整体，展示共享区的整体形象，同时强化共享区的步行特征，为师生提供更加优质、高效的服务。因此，设计结构确定为"串联空间的红色飘带"——用弧形的二层高架步道和连廊将不同地块的公共服务建筑连接成为一个有机整体，强化了核心区的整体形象。同时，也在雨天提供了避雨空间，可以让师生在下雨天不必打伞，也可以走到相应的服务区域，提高了空间的品质和舒适性。另一方面，连廊跨越不同地块，尺度巨大，也成为整个共享区的标志性景观（图 7.1.3-2）。

3. 方案生成

根据建筑功能和尺度，布局在相应地块，南部圆形建筑围合入口广场，与北部山体遥相呼应，各建筑用飘逸的弧形连廊加以连接，沿线形成一系列不同尺度的广场和室外活动空间，注重建筑、环境、连廊的一气呵成之感。完成总平面图（图 7.1.3-3）和相关分析图（图 7.1.3-4a — 图 7.1.3-4c）。

图 7.1.3-1 用地现状图

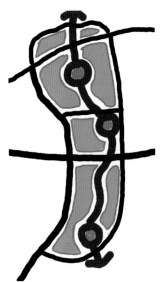

图 7.1.3-2 设计结构概念草图

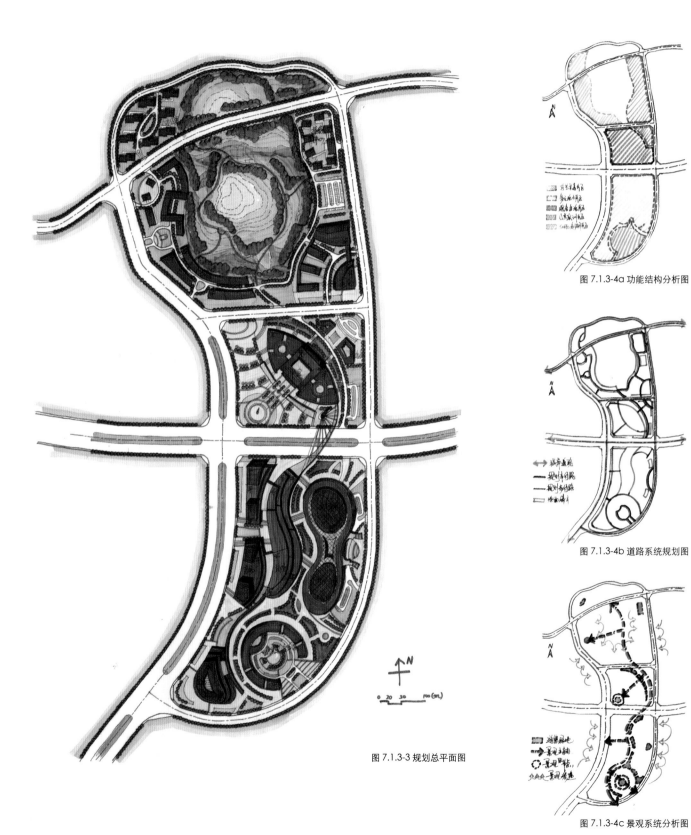

图 7.1.3-4a 功能结构分析图

图 7.1.3-4b 道路系统规划图

图 7.1.3-4c 景观系统分析图

图 7.1.3-3 规划总平面图

4. 鸟瞰图

步骤一：选取基地西南方向作为鸟瞰视角，视点位置稍向北移，这样可以使得狭长的基地变为接近45°的水平方向，画面比较均衡。视点高度适当加高，以便清晰表现建筑室外空间。用白描的手法，基本确定建筑的体量和位置，注意突出飘带形连廊的形态（图7.1.3-5a）。

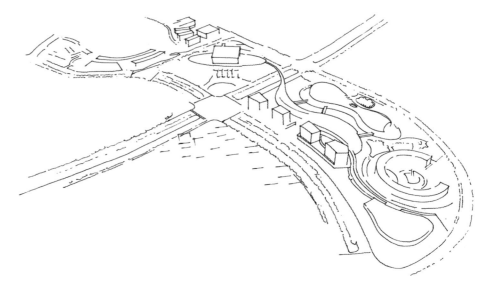

图 7.1.3-5a 整体空间鸟瞰图

步骤二：线稿完善。增加建筑和环境细部，表现基地周边环境，建筑线条干脆、肯定，树木及环境采用团状画法，突出整体气氛（图7.1.3-5b）。

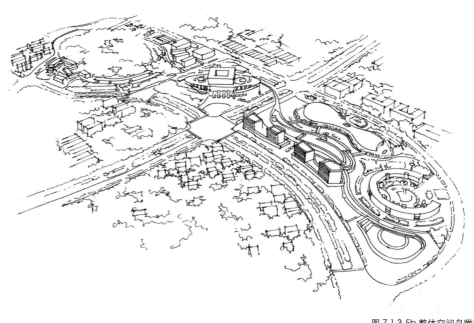

图 7.1.3-5b 整体空间鸟瞰图

步骤三：绿化环境上色。用绿色对画面的绿化环境进行上色，线条采用两种不同的形式：用排线密铺的方式表现大面积绿化和山体，注重线条排列的层次和明暗变化；用平涂的画法表现树木，基本将建筑从环境中分离出来，用淡蓝灰色适当表现建筑暗部，确定画面整体基调（图7.1.3-5c）。

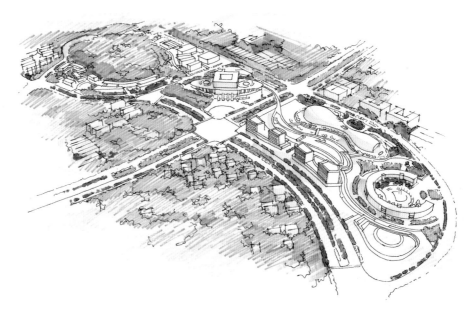

图 7.1.3-5c 整体空间鸟瞰图

步骤四：画面深化。用大面积的暖土黄色表现硬质铺装，增加绿化环境的暗部层次，加深建筑的暗部（图7.1.3-5d）。

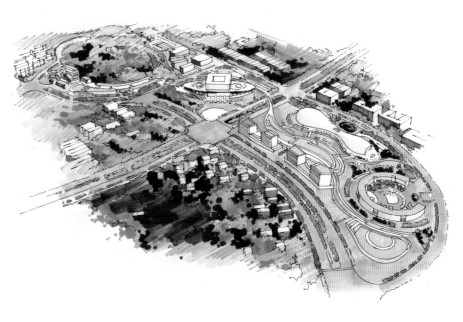

图 7.1.3-5d 整体空间鸟瞰图

步骤五：画面完善。用深暖灰色加强地面，提升画面整体的对比度，增加建筑的细部，加强建筑的明暗对比，整体调整画面的层次和对比度（图7.1.3-5e）。

图 7.1.3-5e 整体空间鸟瞰图

步骤六：点睛和提升。作为一般快题考试，达到上述步骤五的程度已经满足要求。如要进一步提升画面质量，则可以从提升画面细腻程度和整体对比度两个方面进行。首先，用深暖灰色进一步加强地面和环境的暗部层次，突出地面和道路的深浅变化，提升画面整体的对比度和厚重感；另一方面，加强建筑和环境细部刻画，增加建筑立面、屋顶等细节，增加建筑和水面高光，增加道路车道线等细节，使得画面整体层次丰满，同时又有丰富的细节表现（图7.1.3-5f）。

图 7.1.3-5f 整体空间鸟瞰图

5. 建筑单体及局部空间表现

为了充分表达设计意图，展现建筑风格特征，也可以对建筑单体和局部空间进行透视表现。图 7.1.3-6a — 图 7.1.3-6d 展示了科技中心大楼的透视表现过程；图 7.1.3-7a — 图 7.1.3-7d 展示了南部入口建筑及广场的透视表现过程。

图 7.1.3-6a 科技中心大楼透视表现图

图 7.1.3-6b 科技中心大楼透视表现图

图 7.1.3-6c 科技中心大楼透视表现图

图 7.1.3-6d 科技中心大楼透视表现图

图 7.1.3-7a 南部入口建筑及广场透视表现图

图 7.1.3-7b 南部入口建筑及广场透视表现图

图 7.1.3-7c 南部入口建筑及广场透视表现图

图 7.1.3-7d 南部入口建筑及广场透视表现图

案例 4 缙云县盘溪中学校园规划（中学）

1. 项目基本情况

盘溪中学位于浙江省缙云县盘溪镇南部，西侧临 320 国道，是寄宿制高中，基地呈南北狭长形态，南部由于国道弧形的线形，基地出现了一个尖角（图 7.1.4-1）。

2. 设计结构

■ 呼应基地形态，依托"辟雍"延伸出的十字轴线，结合半圆形校园主路组织功能组团。

结合校园的文化教育主题，设计理念上仍援用"辟雍"外方内圆的形态原型，由此形成校园景观和视觉中心，并生发出十字形轴线。轴线延伸，形成校园北、西、东三个入口，并利用基地狭长、南部有尖角的特点，将运动场地布置于基地南部（图 7.1.4-2a）。

在此基础上，依托十字轴线和半圆形主路限定的地块，布局教学办公区、后勤宿舍区等校园功能组团，将图书馆作为南北轴线的南部尽端对景（图 7.1.4-2b）。

3. 方案生成

根据设计结构设定的空间框架和功能布局，综合考虑教学楼建筑尺度和教室间距要求，布置总平面图（图 7.1.4-3），为了强化中部教学楼的整体性，并对中心景观形成有效围合，沿半圆形主路形成弧形连廊，将教学楼和实验楼连接形成一个整体。并在此基础上完成专项分析图（图 7.1.4-4a — 图 7.1.4-4c）。

图 7.1.4-1 用地现状图

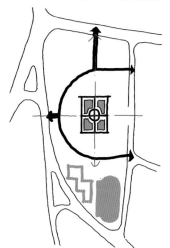

图 7.1.4-2a 设计结构概念草图

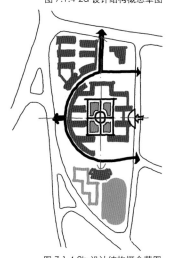

图 7.1.4-2b 设计结构概念草图

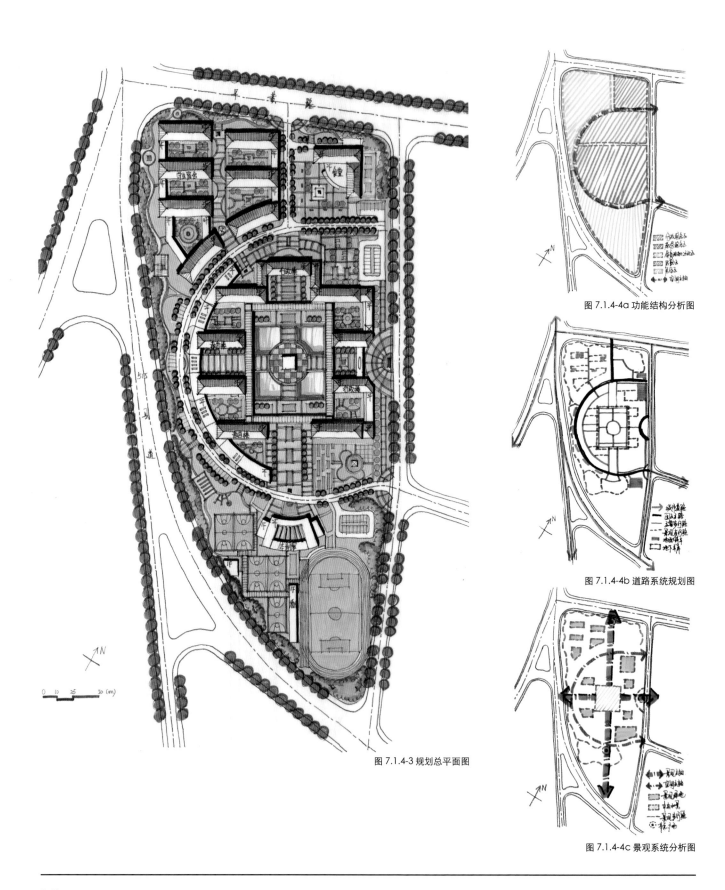

图 7.1.4-4a 功能结构分析图

图 7.1.4-4b 道路系统规划图

图 7.1.4-3 规划总平面图

图 7.1.4-4c 景观系统分析图

4.鸟瞰图

步骤一：选取基地东南方向作为鸟瞰视角，将教学区及校园核心景观置于画面的中部，突出重点，并使得画面布局较为均衡。采用白描的手法勾勒出建筑的基本体块和道路基本形态，确定运动场的位置，初步表现绿化环境（图 7.1.4-5a）。

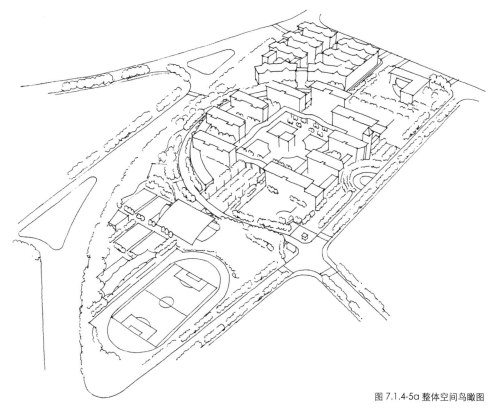

图 7.1.4-5a 整体空间鸟瞰图

步骤二：线稿完善。增加建筑立面和屋顶细部，增加硬质铺装及绿化环境细节，完善周边环境，基本完成线稿（图 7.1.4-5b）。

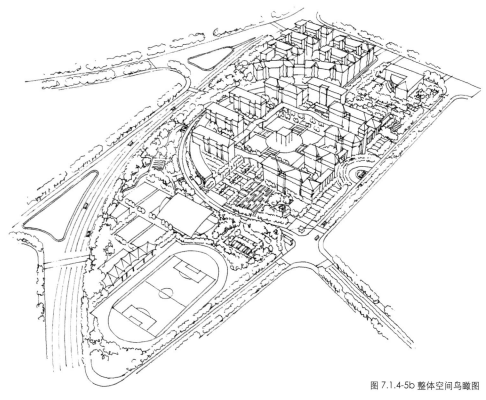

图 7.1.4-5b 整体空间鸟瞰图

步骤三：画面基底上色，确定画面基调。用黄绿色涂草坪；用深绿色涂树木；用浅蓝色涂水面和玻璃连廊；用浅灰色涂道路。完成画面基底上色，将建筑从画面环境中分离出来，确定画面基本色调，并用排线退晕的方式表现周边环境，将画面主体衬托出来（图7.1.4-5c）。

图 7.1.4-5c 整体空间鸟瞰图

步骤四：画面深化。用深绿色表现树木的暗部，增加建筑的阴影，用橙红色表现建筑立面线条，体现文化教育建筑的特征，用灰蓝色表现建筑屋顶，区分建筑的明暗面，进一步丰富背景环境（图7.1.4-5d）。

图 7.1.4-5d 整体空间鸟瞰图

步骤五：点睛和提升。用深灰色涂道路，并加深地面，提高整体画面的对比度和厚重感；进一步丰富树木暗部的层次，深入刻画建筑立面细部和屋顶高光（用具有覆盖功能的白色线条笔在深色颜色上表现）；细化铺装的材质划分，丰富周边环境的层次，加画道路车道线、人行横道线等细节，整体调整画面的层次和对比度（图 7.1.4-5e）。

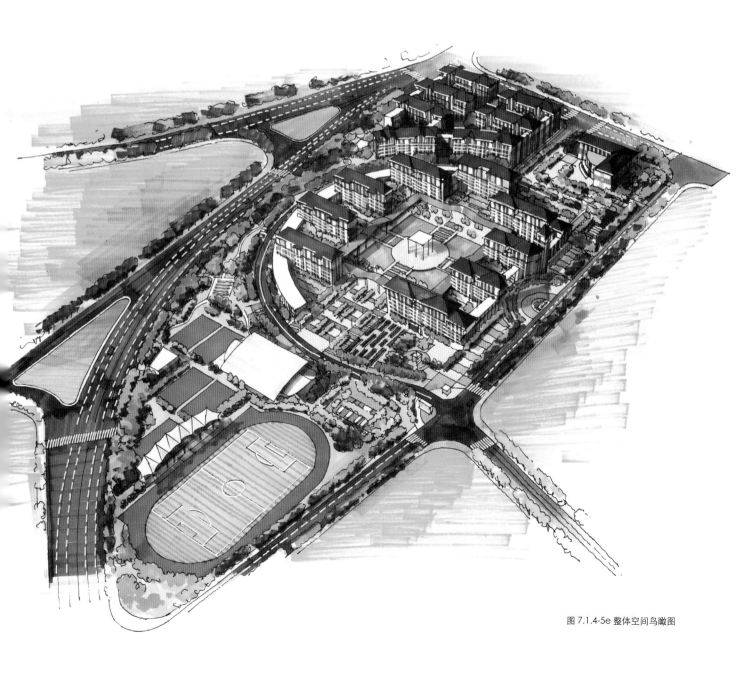

图 7.1.4-5e 整体空间鸟瞰图

5.建筑单体透视

　　为了体现校园建筑的特色，也可以对建筑单体进行透视表达。盘溪中学校园建筑墙面以橙红色为主调，点缀以白色构件，屋顶为蓝灰色坡顶，体现教育建筑的文化底蕴。图 7.1.4-6a — 图 7.1.4-6e 展示了学生宿舍楼建筑单体透视的表现过程。

图 7.1.4-6a 建筑单体透视图

图 7.1.4-6b 建筑单体透视图

图 7.1.4-6c 建筑单体透视图

图 7.1.4-6d 建筑单体透视图

图7.1.4-6e 建筑单体透视图

第八章
城市规划快题设计分类指导（五）：科技园区规划

案例1 通江县文化博览园城市设计

1. 项目基本情况

通江文化博览园位于四川省通江县高明新区西部，是高明新区的文化核心区，集文化、旅游、商贸、居住等功能于一体。通江是著名的银耳之乡，也是红军文化之乡，通过文化博览园的建设，完善城市文化职能，实现产城融合，促进经济社会的全面发展。基地为丘陵缓坡用地，自然条件十分优越，基地内部主要特点为两山一沟，即两座自然山体和一条沟壑，内有溪水流过，同时，基地东北角已经建成了一座银耳博物馆（图8.1.1-1、图8.1.1-2a）。

图 8.1.1-1 用地现状图

2. 设计结构

■ 十字文化轴线结合环形路网，引领空间发展。

根据地方文化传统特色和基地特点，确定了虚实两条轴线，实轴是以银耳博物馆为起点，由基地东北向西南贯穿的银耳大道，体现银耳文化；虚轴是民俗文化轴线，体现通江特色的民俗文化和红色文化，两条轴线呈十字交叉，形成基本空间秩序。同时，结合山形和地势，形成环形园区主路体系，与十字轴线共同构成空间基本骨架，引领空间发展（图 8.1.1-2b）。以此空间构架为基础，布局各功能组团，同时将基地内的山体与沟壑融入整体空间结构之中（图 8.1.1-2c）。

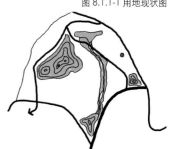

图 8.1.1-2a 基地条件分析图

3. 方案生成

根据设计结构确定的空间构架和功能格局，布局各功能组团，完成方案总平面图（图8.1.1-3）和相关分析图（图 8.1.1-4a — 图 8.1.1-4c）。

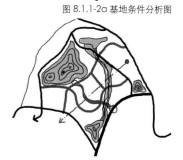

图 8.1.1-2b 设计结构概念草图

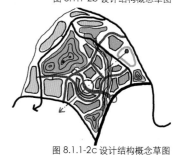

图 8.1.1-2c 设计结构概念草图

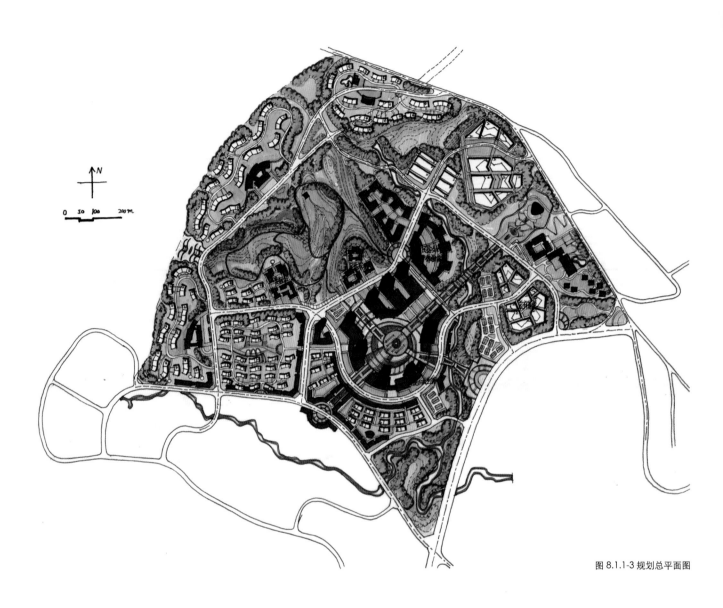

图 8.1.1-3 规划总平面图

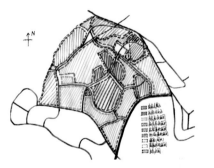

图 8.1.1-4a 功能结构分析图

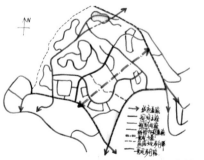

图 8.1.1-4b 道路系统规划图

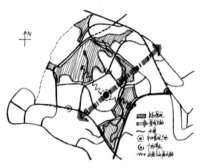

图 8.1.1-4c 景观系统分析图

4. 鸟瞰图

步骤一：选取基地东北方向作为鸟瞰视角，这样可以将空间主干——银耳大道置于画面中央位置，呈45°斜向布局，设计结构得以清晰体现。采用白描的手法确定各组团建筑的体块和布局，突出银耳大道的走向及中心广场（图 8.1.1-5a）。

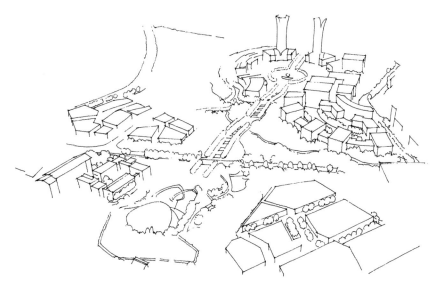

图 8.1.1-5a 整体空间鸟瞰图

步骤二：线稿完善。在步骤一的基础上进一步完善线稿，明确建筑的体量和布局，丰富绿化和周边环境（图 8.1.1-5b）。

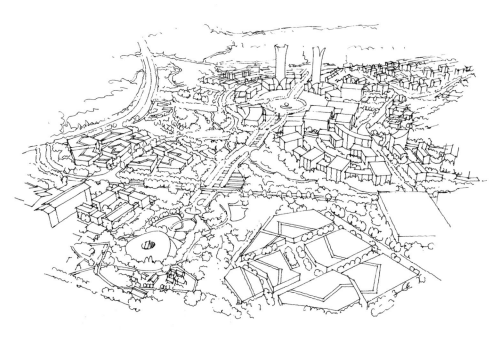

图 8.1.1-5b 整体空间鸟瞰图

步骤三：绿化和画面基底上色。用绿色线条密铺的方式快速将绿化和周边环境进行上色，并用浅蓝灰色表现建筑的暗面及背景环境，将建筑从环境中分离出来，确定画面的基调(图 8.1.1-5c)。

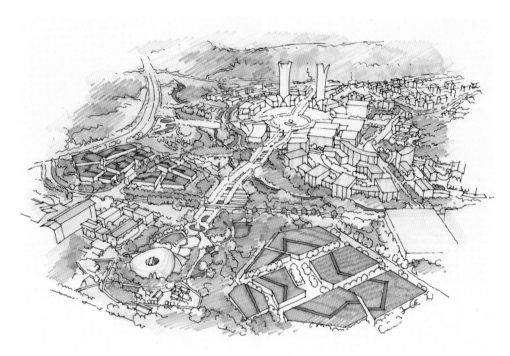

图 8.1.1-5c 整体空间鸟瞰图

步骤四：画面深化。用深灰色强化建筑暗部以及背景的对比度；用深绿色表现树木的暗部，增加树木绿化的层次；用橙黄色表现地面铺装，并用鲜艳的紫红色表现银耳大道沿线的树木，突出这条主要轴线（图 8.1.1-5d)。

图 8.1.1-5d 整体空间鸟瞰图

步骤五：点睛和提升。作为一般快题考试，达到上述步骤四的程度已经可以满足要求。如果要继续深化，提高画面质量，则可以进一步进行提升。用深灰色强化地面和背景，提升画面整体的厚重感和对比度；增加建筑屋顶和立面的细节刻画；增加建筑立面和树木的高光，进一步丰富树木的暗部层次，细化表现地面铺装的划分等，使得画面整体更加细腻丰富（图 8.1.1-5e、图 8.1.1-5f）。

图 8.1.1-5e 整体空间鸟瞰图

图 8.1.1-5f 整体空间鸟瞰图

案例 2 缙云县民生文化园城市设计

1. 项目基本情况

缙云县民生文化园位于缙云县城西北部,介于县城与依托高铁发展的七里新区之间,是以文化功能为主导,集体育、休闲、旅游、商贸等多功能于一体的城市文化综合片区。基地北临 330 国道,南临黄龙路,规划面积约 2 平方公里,但基地内除西北角有一块三角形用地相对平整外,其余均为山地峡谷,高程均在 250 米以上,大部分用地坡度超过了 15°。因此,如何最大限度集约利用土地,同时又要保护自然山体植被,将建筑与自然有机融合,是设计要解决的首要问题(图 8.1.2-1、图 8.1.2-2a)。

图 8.1.2-1 用地现状图

2. 设计结构

■ 景观都市主义——结合细致的地形分析,依山就势形成路网,充分挖掘用地潜力,将建筑与自然有机融合。

根据基地特点和自然禀赋,设计结构提出"景观都市主义"的理念,即在细致的地形分析的基础上,充分尊重地形条件和特点,首先将基地分为两部分:一部分是西北部相对平整的三角形用地,将其规划成为相对独立的体育设施用地,安排大型体育场馆和文化设施,这样有利于大量人流的疏散,且对自然环境的干扰减小到最低,并针对该地块形成相对独立的出入口和路网;第二部分是以山体为主的大部分用地。依山就势形成环形路网,并根据山谷开口方向,确定南北两个主要出入口,基地西侧沿城市干道形成城市界面(图 8.1.2-2b)。在此路网格局基础上,通过地形高程和坡度分析,在适宜建设的山谷狭长地块上进行各项功能布局,安排文化、旅游休闲、展览、商务办公等功能,并考虑建筑可采用覆土建筑的形式,融入山体和环境(图 8.1.2-2c)。

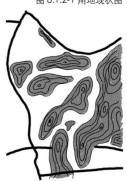

图 8.1.2-2a 基地条件分析图

3. 方案生成

根据设计结构确定的路网框架和功能布局安排,综合考虑体育建筑、文化建筑的尺度,结合山体走向和地形特点,布局形成总平面图(图 8.1.2-3),并完成相关分析图(图 8.1.2-4a — 图 8.1.2-4c)。

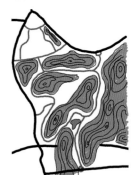

图 8.1.2-2b 设计结构概念草图

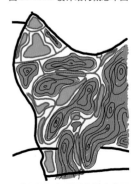

图 8.1.2-2c 设计结构概念草图

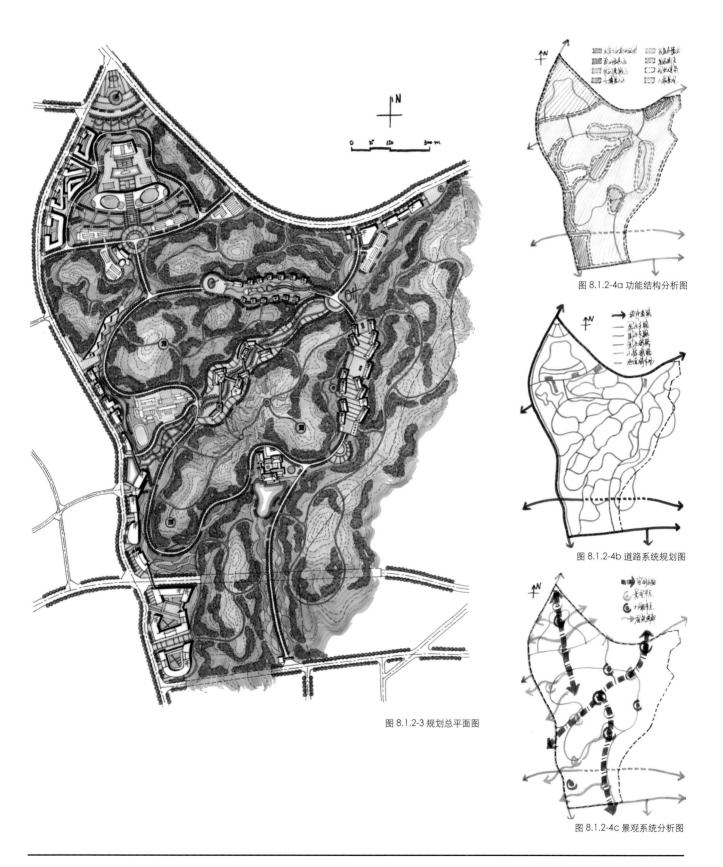

图 8.1.2-4a 功能结构分析图

图 8.1.2-4b 道路系统规划图

图 8.1.2-3 规划总平面图

图 8.1.2-4c 景观系统分析图

4. 鸟瞰图

步骤一：选取基地西南方向作为鸟瞰视角，视点高度较高，这样能越过山顶看到山谷内的情况，以便清晰表达设计结构的意图。根据总平面布局，用白描手法先确定要表达的主体内容，即三条山谷、西北部三角地块以及西侧城市道路沿线建筑，先勾勒出上述内容的基本轮廓（图8.1.2-5a）。

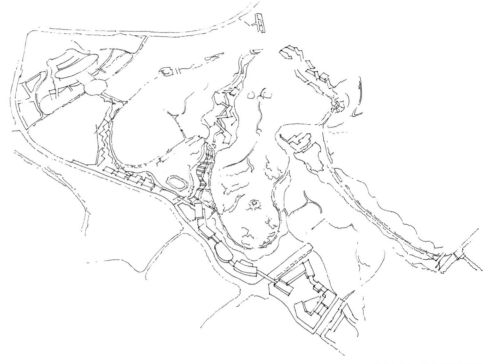

图 8.1.2-5a 整体空间鸟瞰图

步骤二：线稿完善。先将山谷内的建筑及城市道路沿线建筑体块加以确定，然后用团状线条表现树木和山体，利用线条变化突出山脊和山谷的区别（图8.1.2-5b）。

图 8.1.2-5b 整体空间鸟瞰图

步骤三：山体和绿化环境上色，确定画面基调。用黄绿和深绿两种绿色，采用线条密铺排列的方式表现山体和绿化，注意山体明暗面的区分，突出山脊线和山谷的位置；用蓝色表现画面中的水体。因为山体和绿化环境占画面的80%以上，因此这样就可以确定了画面的基调，并将建筑从环境中分离出来（图8.1.2-5c）。

图 8.1.2-5c 整体空间鸟瞰图

步骤四：画面完善。用更深的暗绿色强化山体和绿化的暗部，增加山体及绿化的立体感和层次感；用鲜艳的暖色表现地面铺装；增加建筑屋顶和立面的细节，整体协调画面的层次和对比度（图 8.1.2-5d、图 8.1.2-5e）。

图 8.1.2-5d 整体空间鸟瞰图

图 8.1.2-5e 整体空间鸟瞰图

步骤五：点睛和提升。用深灰色强化地面和山体暗部，提高整个画面的厚重感和对比度，进一步深化山体暗部的层次；增加建筑细节刻画，增加水池轮廓的阴影，增加花带的色彩层次，加深周边道路色彩并画车道线等细节，增加建筑高光，进一步处理画面边缘的线条和层次（图8.1.2-5f）。

图 8.1.2-5f 整体空间鸟瞰图

5. 局部鸟瞰图

为了更好地表达设计意图，也可以对方案的局部进行鸟瞰表现。图 8.1.2-6a — 图 8.1.2-6e 展示了基地西北角三角形体育文化设施地块的鸟瞰图绘制过程。

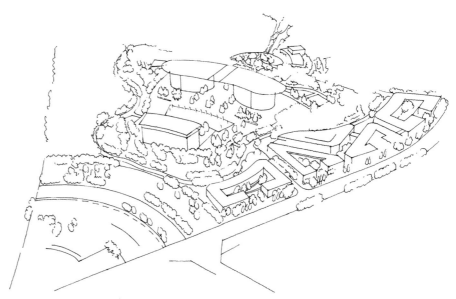

图 8.1.2-6a 整体空间鸟瞰图

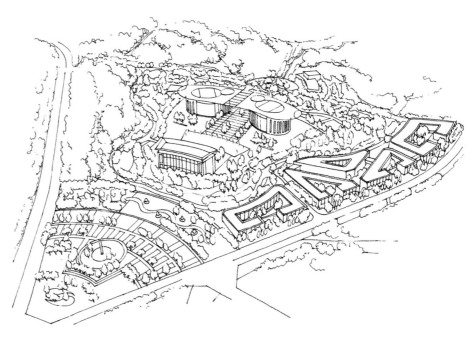

图 8.1.2-6b 整体空间鸟瞰图

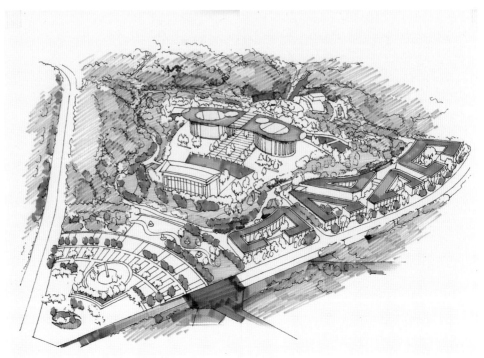

图 8.1.2-6c 整体空间鸟瞰图

图 8.1.2-6d 整体空间鸟瞰图

图 8.1.2-6e 整体空间鸟瞰图

案例 3 浙江省杭州市浙大网新三墩科技园城市设计

1. 项目基本情况

浙大网新三墩科技园位于杭州市西湖区三墩镇，是以 IT 产业为主要业态的高新技术办公集群园区，规划面积 15.3 公顷。基地紧邻浙江大学紫金港校区，内部地势平坦，且有丰富的自然水体，景观资源和人文条件都十分优越（图 8.1.3-1）。

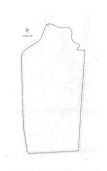

图 8.1.3-1 用地现状图

2. 设计结构

■ 以水为脉，实现景观共享最大化。

高新技术科技人员的办公空间与一般的商务办公空间有所区别，这类办公场所必须提供大量的交往空间和多功能空间，以促进思维的碰撞和创意的产生，并且注重人性化和使用的多元化，此类案例比较成功的如谷歌的总部、苹果公司的总部以及弗兰克·盖里设计的脸书公司总部等。因此，在本项目设计构思的最初，就确定了提供高科技创意人员使用的空间，充分利用基地北部运河及基地内部的水体，以水为脉，实现景观资源共享的最大化，创造多元化的室内外交往空间的设计理念。

图 8.1.3-2a
设计结构概念草图

图 8.1.3-2b
设计结构概念草图

3. 方案生成

根据设计结构立意，充分利用北部运河及基地内部水体，将内部水体向南部延伸，贯穿整个基地，由此形成基地空间的水脉（图 8.1.3-2a）。

利用水体将基地分隔成东西两部分，园区主路也依托水系形成，西侧道路与水体平行，东部道路与外部城市道路平行，两者中间限定出沿水体的绿化走廊；同时，园区主路在北部形成一个圆弧形，限定出园区的主体建筑所在位置（图 8.1.3-2b）。

为了丰富室外交往活动空间，依托园区主路形成一街一场，即基地南部东西向的步行街和北部的入口对景广场。同时，为了进一步强化水体特色，将北部运河水系在基地东北角引入基地，形成一条特色水街：基地原有水体体现自然生态特色，引入的水街体现人工特色（图 8.1.3-2c）。

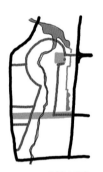

图 8.1.3-2c
设计结构概念草图

图 8.1.3-2d
设计结构概念草图

依托园区道路系统和水系，布置入口对景主题建筑、沿自然水体的高层办公塔楼、沿人工水体的水街建筑及步行街两侧建筑，并沿东侧道路形成面向城市的界面（图 8.1.3-2d）。

依托水体和主路，考虑不同功能组团的规模，形成不同等级的绿化廊道，一方面形成生态化的室外交往和活动空间，另一方面绿廊也构成了组团之间的分隔（图 8.1.3-2e）。

根据上述设计结构形成的空间架构，布置各功能组团，形成总平面布局（图 8.1.3-2f）。

综合考虑建筑尺度和室外环境表现，完成总平面图（图 8.1.3-3）及相关分析图（图 8.1.3-4a — 图 8.1.3-4c）。

图 8.1.3-2e
设计结构概念草图

图 8.1.3-2f
设计结构概念草图

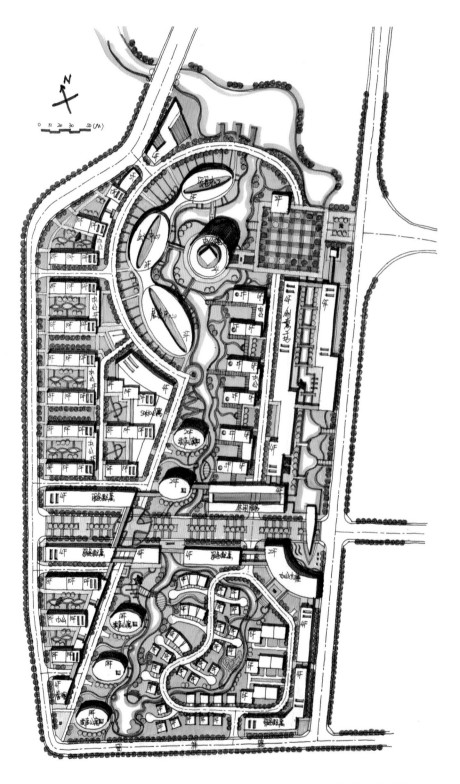

图 8.1.3-3 规划总平面图

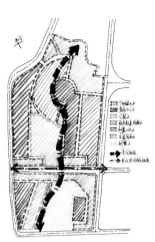

图 8.1.3-4a 功能结构分析图

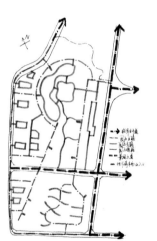

图 8.1.3-4b 道路系统规划图

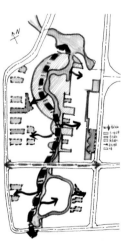

图 8.1.3-4c 景观系统分析图

4. 鸟瞰图

步骤一：选取基地东南方向作为鸟瞰视角。视点高度适当加高，以便能清晰表现室外环境。采用白描手法，确定建筑的体块和位置，初步表示树木和环境(图8.1.3-5a)。

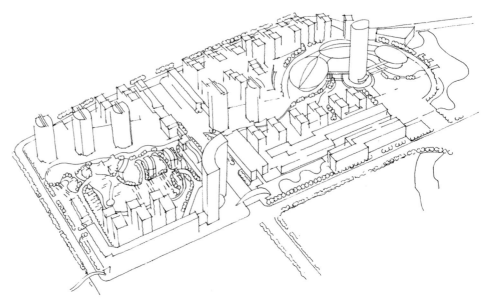

图 8.1.3-5a 整体空间鸟瞰图

步骤二：线稿完善。丰富建筑及环境细节，因为本项目规模不大，因此对建筑的立面、体量及屋顶的变化可以刻画的深入些，以体现高新科技园的风貌特性（图 8.1.3-5b）。

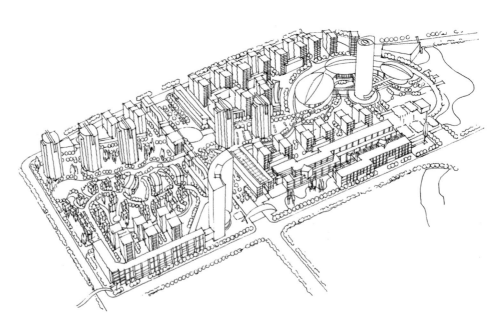

图 8.1.3-5b 整体空间鸟瞰图

步骤三：画面基底和环境上色。仍然采用四至五种基本色彩为画面基底及环境上色，确定画面的基调：用黄绿色涂地面绿化和周边环境，注意线条排列疏密的变化；用深绿色表现树木；用蓝灰色表现水体；用浅暖灰色表现周边城市道路。外部环境的线条注意疏密变化，看似随意，实则非常重要，起到向外逐步退晕，向内突出画面主体的作用（图8.1.3-5c）。

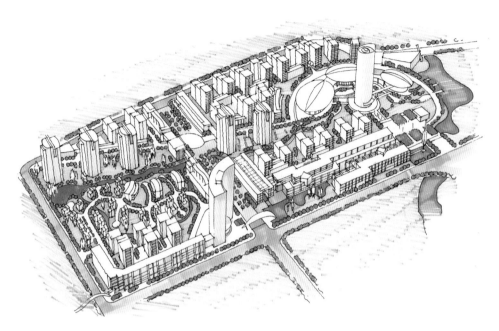

图 8.1.3-5c 整体空间鸟瞰图

步骤四：画面深化与完善。用浅蓝灰色强化地面和建筑的暗部，提升画面整体的对比度；增加建筑立面和屋顶细节的刻画，并用明亮的暖色强化地面铺装和建筑顶部；用深绿色强化树木的暗部，整体协调画面的层次和对比，让画面保持一种清新、淡雅的格调（图8.1.3-5d）。

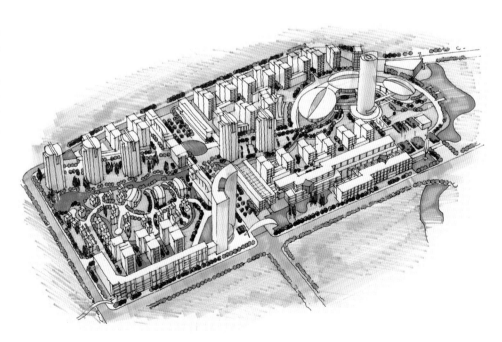

图 8.1.3-5d 整体空间鸟瞰图

5. 局部透视表现

为了更好地表现设计意图,也可以对局部空间进行透视表现。图 8.1.3-6a — 图 8.1.3-6d 展示了人工水街入口跌水景观透视效果的绘制过程;图 8.1.3-7a — 图 8.1.3-7d 展示了人工水街内景透视效果的绘制过程。

图 8.1.3-6a 人工水街入口跌水景观透视图

图 8.1.3-6b 人工水街入口跌水景观透视图

图 8.1.3-6c 人工水街入口跌水景观透视图

图 8.1.3-6d 人工水街入口跌水景观图

图 8.1.3-7a 人工水街内景透视图

图 8.1.3-7b 人工水街内景透视图

图 8.1.3-7c 人工水街内景透视图

图 8.1.3-7d 人工水街内景透视图

第九章
城市规划快题手绘赏析——高级进阶篇

　　本章所展示的城市规划快题手绘作品，均达到了较高的水准，用时从数小时到数天不等，图幅从 A2 ~ A0 不等，既有最终的鸟瞰效果表现，也有方案构思到表达的过程展现。当然，对于只有数小时的快题考试而言，要达到这样的效果几乎是不可能的，这里展示的作品可以作为项目的最终表现图，更加生动、充分地展示设计意图。特别是在电脑表现已经非常普及的当下，这种纯手绘的作品也许更加难能可贵吧。

民生码头整治规划构思及表现
　　（图 9.1-1a — 图 9.1-1d）

图 9.1-1a

图 9.1-1b

图 9.1-1c

图 9.1-1d

宁波某风情小镇规划
（图 9.1-2a — 图 9.1-5b）

图 9.1-2a

图 9.1-2b

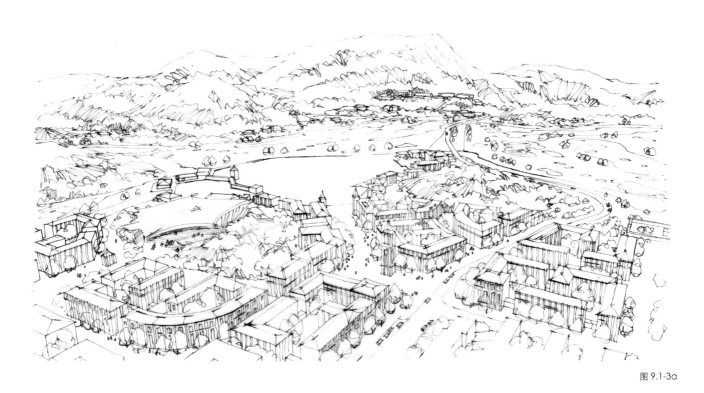

图 9.1-3a

图 9.1-3b

图 9.1-4a

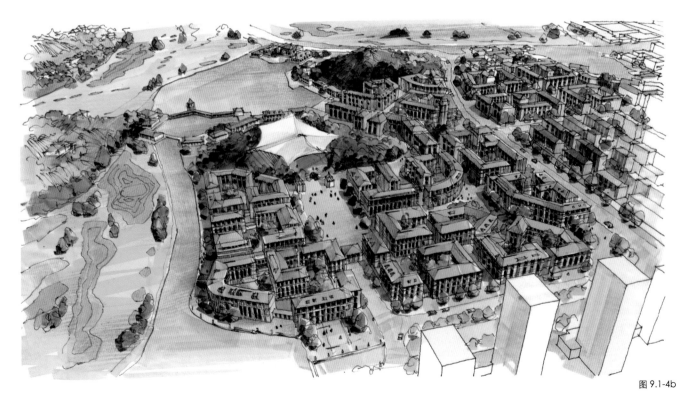

图 9.1-4b

图 9.1-5a

图 9.1-5b

浙江千岛湖某度假村规划
（图 9.1-6a — 图 9.1-8b ）

图 9.1-6a

图 9.1-6b

图 9.1-7a

图 9.1-7b

图 9.1-8a

图 9.1-8b

某大型地景综合建筑表现

（图 9.1-9a、图 9.1-9b）

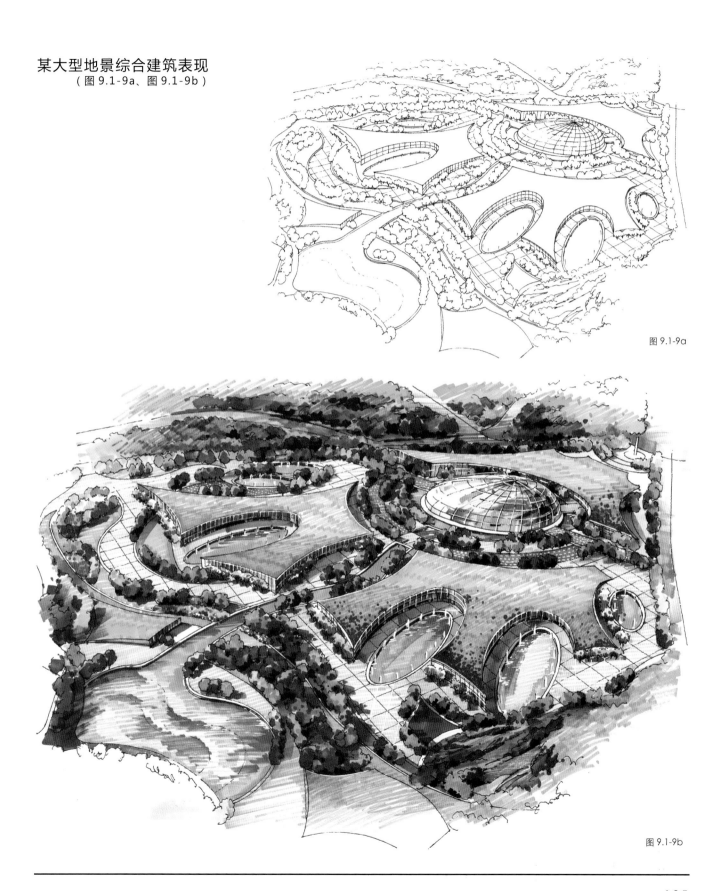

图 9.1-9a

图 9.1-9b

某别墅区详细规划

（图 9.1-10a、图 9.1-10b）

图 9.1-10a

图 9.1-10b

参考文献

[1] 石楠 . 新常态下城市空间品质问题的新视角 [J]. 上海城市规划，2015（1）.

[2] 卢济威 . 新时期城市设计的发展趋势 [J]. 上海城市规划，2015（1）.

[3] 唐子来 . 新常态 新应对——城市设计和规划控制的再认识，第四届金经昌全国青年规划师创新论坛，2015.5.

[4] E·培根 . 城市设计 [M]. 黄富厢、朱琪译 . 北京：中国建筑工业出版社，2003 .

[5] 刘宛 . 城市设计实效论 [M]. 北京：中国建筑工业出版社，2006 .

[6] 王建国 . 现代城市设计理论和方法 [M]. 南京：东南大学出版社，2001.

[7] 田宝江 . 总体城市设计理论与实践 [M]. 武汉：华中科技大学出版社，2006.

[8] 田宝江 . 新空间：田宝江工作室城市规划设计作品集 1996-2003[M]. 南昌：科学技术文献出版社，2004.

[9] 田宝江 . 新空间 2：田宝江工作室城市规划设计作品集 2004-2014[M]. 上海：同济大学出版社，2014.

[10] 于一凡，周俭 . 城市规划快题设计方法与表现 [M]. 北京：机械工业出版社，2009.

[11] 杨俊宴，谭瑛 . 城市规划快题设计与表现（第二版）[M]. 沈阳：辽宁科学技术出版社，2010.

[12] 夏鹏 . 城市规划快速设计与表达（第二版）[M]. 北京：中国电力出版社，2006.

[13] 孙彤宇 . 建筑徒手表达 [M]. 上海：上海人民美术出版社，2012.

[14] 赵亮 . 城市规划设计分析的方法与表达 [M]. 南京：江苏人民出版社，2013.

后记

历时两年多，这本《城市规划快题设计构思、技巧与表现》终于要和大家见面了。看着厚厚的书稿，不禁感慨，这里面凝聚了太多的汗水和努力。

作为高校城市规划专业的教师，近年来我参加了学院城市规划专业硕士研究生入学考试的快题考试的阅卷工作，发现很多同学平时的成绩还是很优秀的，但由于缺乏快题考试的经验和相关的训练，在快题考试中成绩很差，影响了研究生的入学；另一方面，作为一名规划师，在平时的专业实践中，也深感快速设计和手绘能力的重要性，快速设计可以抓住稍纵即逝的灵感和想法，促进方案的生成和优化，还可以加强与专业人员及甲方的沟通。同时，漂亮的手绘图也更加生动地体现设计意图，为设计创意加分不少，特别是在当下电脑表现十分普遍的情况下，手绘图更加显得难能可贵。

本书收录了近年来我主持规划设计的 26 个项目，分为居住区规划、城市重点地段规划、城市广场规划、校园规划、文化科技园区规划五大类型。我们从设计结构的角度对这 26 个项目进行了系统的诠释，介绍了每个方案产生的构思重点和方法，并将每个项目的相关图纸包括总平面图、设计结构概念图、专项规划分析图、鸟瞰图等全部重新手绘。在绘制过程中，有些按照一般快题设计考试的要求，在数小时内完成，有些则不完全按照快题考试要求，时间要更长一些。这样做的目的，既考虑到快题考试的应试需求，又兼顾平时的设计和表现的需要。重新手绘翻画的工作量非常巨大，但另一方面，也赋予了这 26 个项目全新的表达方式。

感谢曾海鹰先生和刘辰阳的合作。曾海鹰先生是美术专业出身，绘画功底深厚，更为可贵的是，他常年与规划师、建筑师合作，积累了丰富的经验，从而能够更加理解设计师的设计意图，将美术与规划专业巧妙融合；刘辰阳在上海同济城市规划设计研究院工作 3 年，去年考取了同济大学城市规划专业的硕士研究生，并取得了快题考试第一名的成绩，我作为他的导师，也感到非常高兴，他为本书的案例手绘了总平面图和分析图，付出了辛勤的努力。

感谢中国建筑工业出版社的徐纺编辑和滕云飞编辑，她们给了我很多的帮助和支持，特别是去年我到美国夏威夷大学访学 4 个多月，书稿因此也不得不向后推迟，两位编辑给了我极大的理解，在此向她们表示由衷的感谢。

同时，还要感谢我工作室的方促华、李静、张书宝和张颖霞，他们为本书的排版和整理做出了大量的工作，我的研究生吴艳翠和王婷也为本书做出了贡献。

人们常说，规划师用笔描绘未来的美好蓝图，而作为从事规划的专业人员，在电脑日益普及的今天，用手绘画的能力却日渐减弱，这不能不说是一种遗憾。因此，大力提倡手绘、提高综合设计和表达能力是十分必要的，愿这本书能在提高手绘技巧、提升设计能力方面奉献绵薄之力。

田宝江

2015 年夏末于同济大学